普通高等院校机械类及相关学科系列教材

工程制图学习指导

主　编　姚继权

副主编　刘　佳

参　编　丛喜宾　郑玉波　郭颖荷　彭守凡

　　　　杨　梅　贾英辉　倪树楠　白　兰

　　　　毛志松　董自强　倪　杰　孟凡华

主　审　李凤平　苏　猛

北京理工大学出版社

BEIJING INSTITUTE OF TECHNOLOGY PRESS

内 容 提 要

本书为《工程制图》配套使用的学习指导。为了便于学习，各章简述了本章的学习目的、重点、难点等内容概要，用框图对题目类型进行了介绍，举例说明求解问题的方法和步骤，并配有相关题型加以练习。

本书可供高等学校近机械类专业学生学习工程制图课程配套使用，也可供工程技术人员自学使用。

图书在版编目(CIP)数据

工程制图学习指导 / 姚继权主编.—北京：北京理工大学出版社，2017.6（2022.8重印）
ISBN 978-7-5682-4307-0

Ⅰ.①工… Ⅱ.①姚… Ⅲ.①工程制图—高等学校—教学参考资料 Ⅳ.①TB23

中国版本图书馆CIP数据核字（2017）第160961号

出版发行 / 北京理工大学出版社有限责任公司
社　　址 / 北京市海淀区中关村南大街5号
邮　　编 / 100081
电　　话 / （010）68914775（总编室）
　　　　　（010）82562903（教材售后服务热线）
　　　　　（010）68944723（其他图书服务热线）
网　　址 / http://www.bitpress.com.cn
经　　销 / 全国各地新华书店
印　　刷 / 北京紫瑞利印刷有限公司
开　　本 / 787毫米×1092毫米　1/16
印　　张 / 11
字　　数 / 256千字
版　　次 / 2017年月6第1版　2022年8月第5次印刷
定　　价 / 29.00元

责任编辑 / 孟雯雯
文案编辑 / 多海鹏
责任校对 / 周瑞红
责任印制 / 李志强

前　言

　　工程制图是近机械类专业学生必修的专业性和实践性都很强的技术基础课，主要培养学生的空间思维能力、绘制和阅读工程图样能力，学生通过课外大量的作业才能够巩固和提高其能力。

　　本书为《工程制图》配套使用的习题集，按照教育部高等学校工程图学课程教学指导委员会制定的《普通高等学校工程图学课程教学基本要求》以及近年来发布的有关制图的最新国家标准，吸收多年来由编写组主持的辽宁省高等学校教学改革项目、辽宁省精品资源共享课等多项教学改革研究的成果，参考多部近年来其他高校图学教材编写而成。各章由本章的学习目的、要求、难点、重点、典型例题指导、练习等部分组成，突出本书的指导性、理论性和实践性，尽可能地发挥创新应用型人才培养的功能。

　　本书由姚继权主编。参加本书编写工作的有丛喜宾（第1章、第7章），郑玉波（第2章），郭颖荷（第3章），彭守凡（第4章），杨梅（第5章），贾英辉（第6章），白兰（第8章），毛志松（第9章），刘佳（第10章、第14章），姚继权（第11章、第13章），倪树楠（第12章），孟凡华、董自强、倪杰参加了部分图形的绘制和编写工作，全书由姚继权统稿，李凤平教授、苏猛教授担任主审。

　　因编者水平所限，缺点和不足在所难免，诚望各位专家、读者批评指正。

编　者

目　录

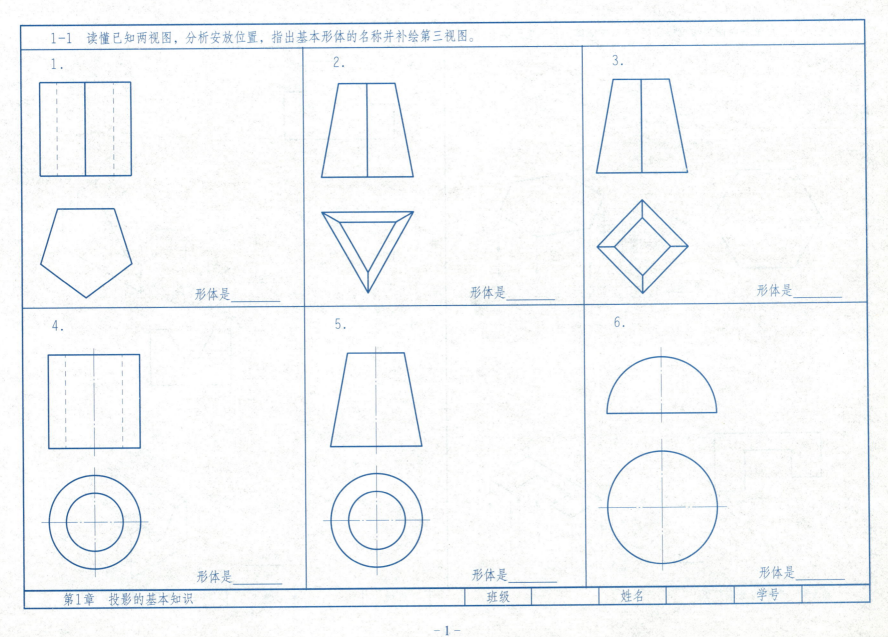

1-1　读懂已知两视图，分析安放位置，指出基本形体的名称并补绘第三视图。

1.　　　　　　　　　　　　　　　　　　形体是_____

2.　　　　　　　　　　　　　　　　　　形体是_____

3.　　　　　　　　　　　　　　　　　　形体是_____

4.　　　　　　　　　　　　　　　　　　形体是_____

5.　　　　　　　　　　　　　　　　　　形体是_____

6.　　　　　　　　　　　　　　　　　　形体是_____

| 第1章　投影的基本知识 | | 班级 | | 姓名 | | 学号 | |

1-2 利用所给平面图形和拉伸高度L构造拉伸体，并完成三视图。

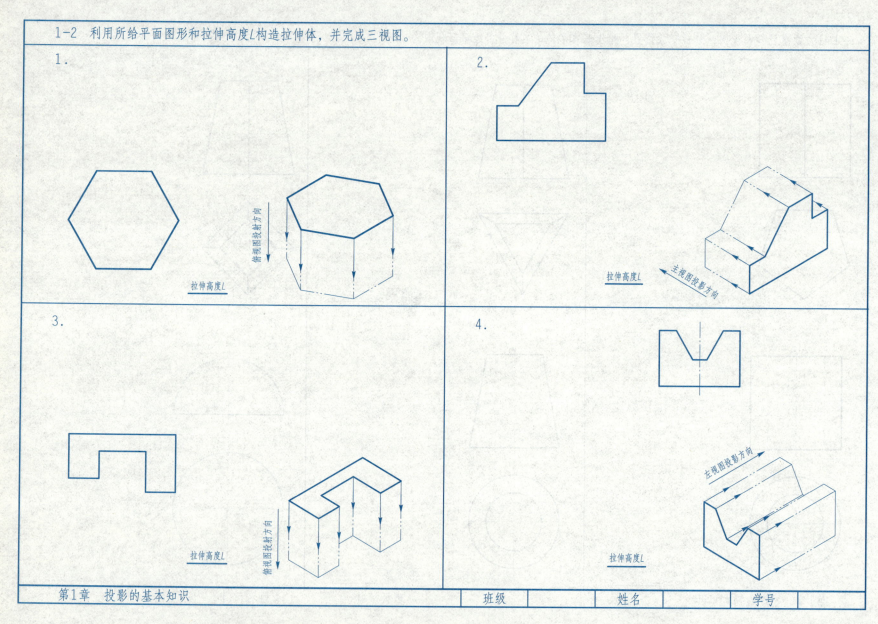

1.

俯视图投射方向

拉伸高度L

2.

主视图投影方向

拉伸高度L

3.

俯视图投射方向

拉伸高度L

4.

左视图投影方向

拉伸高度L

第1章 投影的基本知识

| 班级 | | 姓名 | | 学号 | |

1-3 利用所给平面图形和轴线构造回转体，并完成三视图。

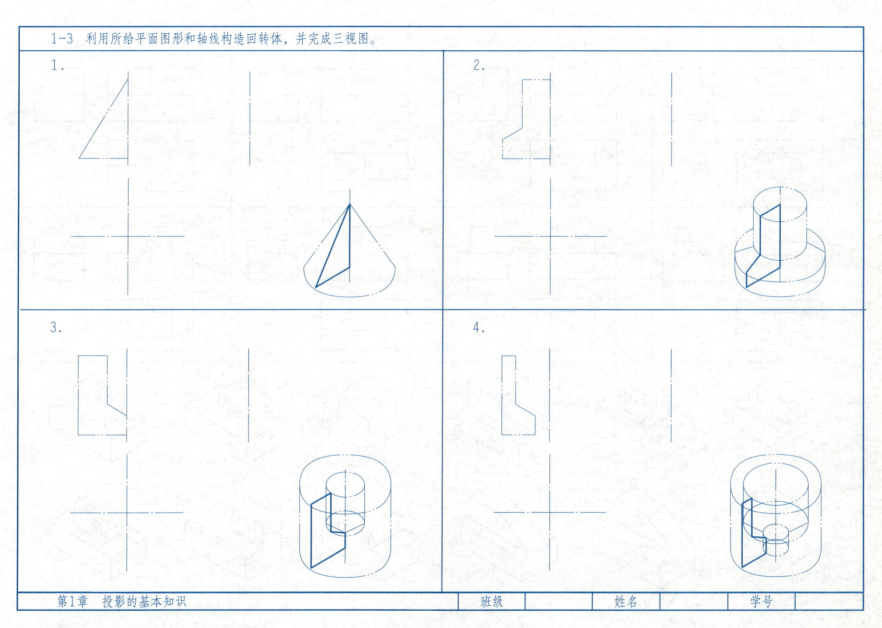

1.

2.

3.

4.

1-4 读懂所给三视图，比较各三视图的异同，找出对应的立体图并填写相应序号。

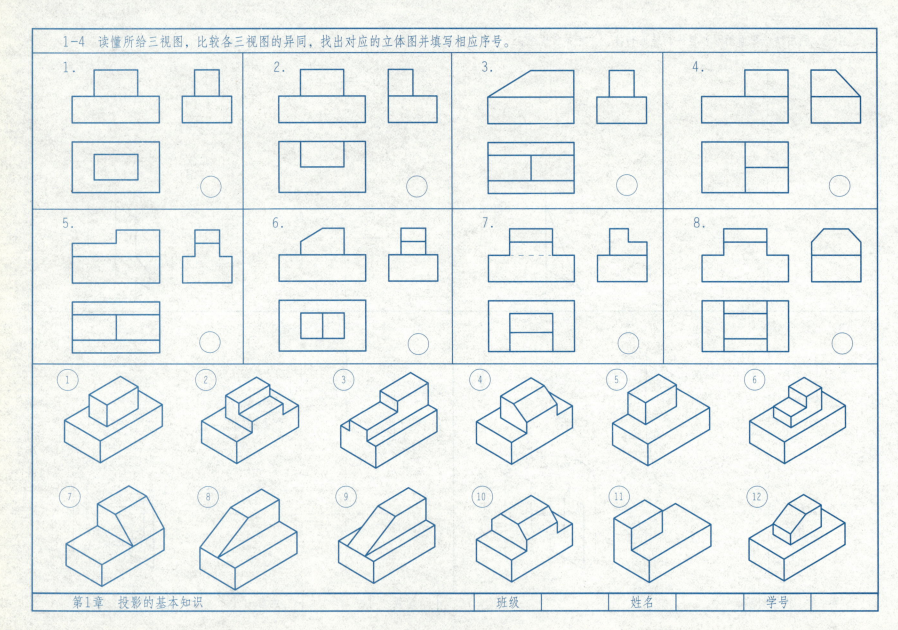

1-5 根据立体图和部分视图底稿，完成三视图。

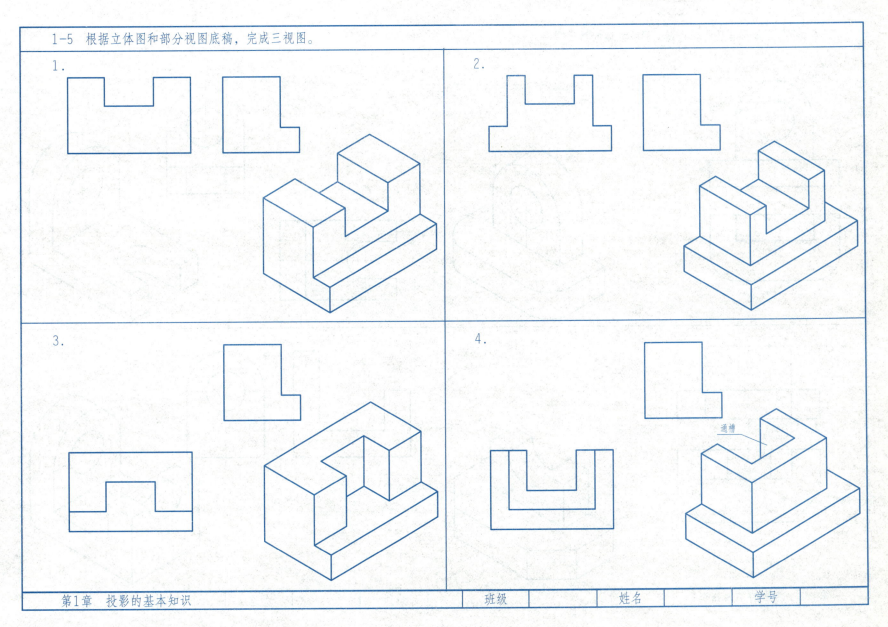

1.

2.

3.

4.

通槽

1-6 根据立体图和已知两视图，完成立体的第三视图。

1.

2.

3.

4.

第1章 投影的基本知识

| 班级 | | 姓名 | | 学号 | |

一、内容概要	二、题目类型

一、内容概要

1．目的要求

点、线、面是构成形体的基本几何要素，任何形体都是由点、线、面所确定的，点、线、面的投影是作形体投影的基础，所以必须熟练掌握。

通过本章学习，掌握点、线、面的投影规律，各要素之间的相对位置以及它们之间的从属关系。

（1）点、线、面投影的作图步骤：

①分析题意，明确已知和所求。

②根据已知条件，作出所求投影。

（2）点、线、面的作图要求：

①在作图时，点用小圆或小黑点表示。

②作图线用细实线，不要作得过长，够用即可，擦除多余部分。

③直线用粗实线（不可见线用虚线）表示，要与作图线有明显区分。

④为了清晰，直线、平面上的点也需用小圆表示。

2．重点难点

（1）点、线、面的投影规律；

（2）点、线、面的空间位置；

（3）点与点，点与线、面，线与线，线与面，面与面的相对位置；

（4）求交点、交线及重影点可见性的判定。

二、题目类型

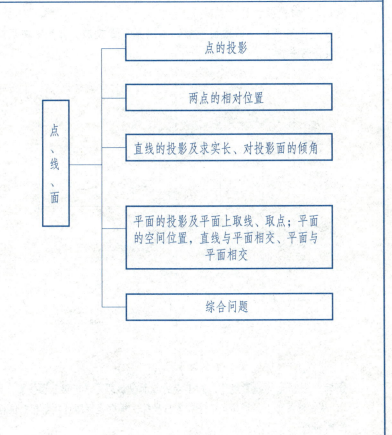

点、线、面

- 点的投影
- 两点的相对位置
- 直线的投影及求实长、对投影面的倾角
- 平面的投影及平面上取线、取点；平面的空间位置，直线与平面相交、平面与平面相交
- 综合问题

例1 点的投影示例

题目 已知点A、B的两面投影,求出第三面投影,并判断两点的相对位置(填在括号内)。

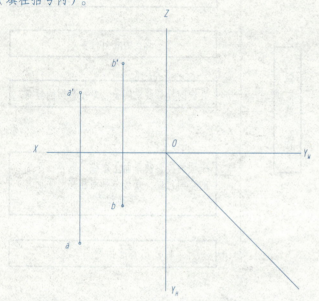

点A在点B的(　　)、(　　)、(　　)方。

分析 根据点的投影规律,知道点的二面投影即可求出第三面投影,即"二求三",从投影图形上,可知点A、B和各自坐标,根据坐标即可判断相对位置。

作图步骤

(1)过a作水平线与45°线相交,过交点作竖直线;

(2)过a′作水平线,与竖直线的交点即为a″。

同理作出b″。

从投影图中可知:$X_A > X_B$,点A在点B的左方;

　　　　　　　　$Y_A > Y_B$,点A在点B的前方;

$Z_A < Z_B$,点A在点B的下方。

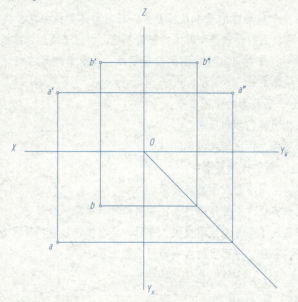

点A在点B的(　左　)、(　下　)、(　前　)方。

例2 直线投影的示例

题目 已知直线AB//CD，D点到H面的距离为25 mm，试完成CD的投影。

作图步骤

（1）过c作ab的平行线，过c′作a′b′的平行线；

（2）作X轴平行线，距离为25 mm，与过c′所作的平行线交点即为d′；

（3）过d′作X轴的垂线，与过c所作的平行线交点即为d；

（4）将CD的投影cd和c′d′加深为粗实线。

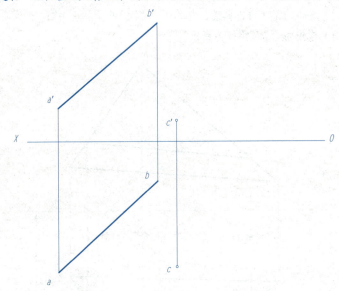

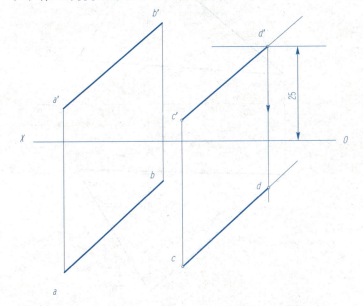

分析 作直线CD的投影，因为C点的投影为已知，关键求D点的投影。因为AB//CD，根据平行两线的投影特性可知，ab//cd，a′b′//c′d′，d、d′一定在过c、c′所作的ab、a′b′的平行线上，又因为D点到H面的距离为25 mm，说明D点的Z坐标为25 mm，从而确定d′，由d′求d。

第2章 点、线、面的投影	班级		姓名		学号	

例3 平面投影的示例

题目 在△ABC上作一条距V面为25 mm的正平线（直线段，长度自定）。

作图步骤

（1）作距X轴25 mm的平行线，与ab交于m，与bc交于n；

（2）过m、n作X轴的垂线，与a′b′、b′c′交于m′、n′；

（3）连线mn、m′n′即为所求。

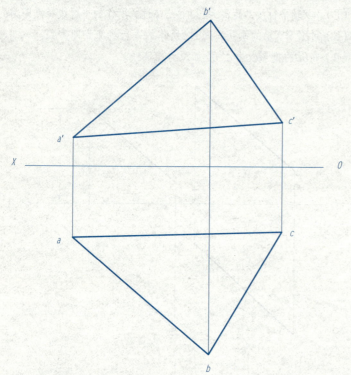

分析 如果直线上两个点在同一平面上，则直线一定在该平面上。根据已知条件，作出符合题意的两个点，然后两点连线即得到直线的投影。

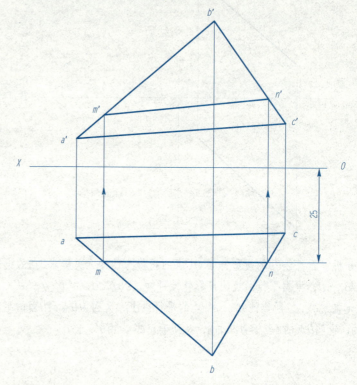

第2章 点、线、面的投影 | 班级 | | 姓名 | | 学号 |

1. 已知各点的轴测图，求作它们的投影。

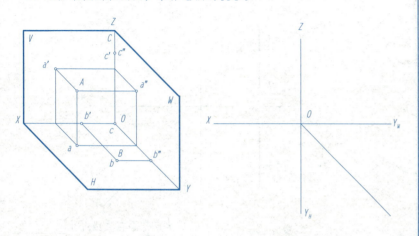

2. 根据点的投影图，画出各点的轴测图。

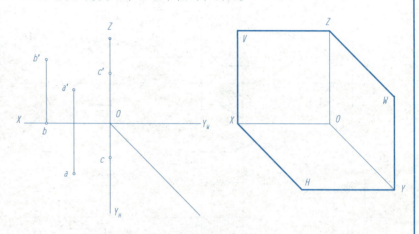

3. 已知点A坐标为（20，8，15），点B在其左5 mm、前8 mm、下5 mm；点C距V面5 mm，距H面8 mm，在点A左5 mm，求作A、B、C的投影。

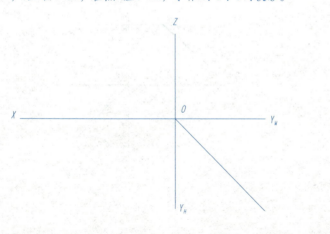

4. 已知点A的三面投影，点B的两面投影，求作点B的第三面投影，根据投影判断：点A在点B的（　　）、（　　）、（　　）方。

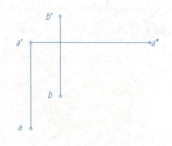

第2章　点、线、面的投影

班级		姓名		学号	

1. 作出直线AB的第三面投影，并判断相对于投影面的空间位置（填在横线上）。

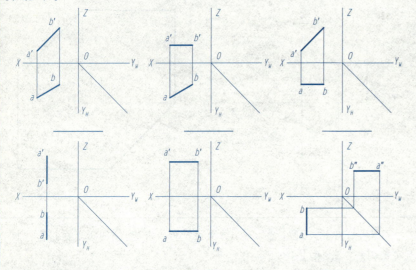

2. 分别用从属性和定比性来判断点K是否在直线AB上。

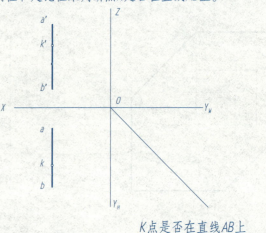

K点是否在直线AB上_____

4. 完成正平线AB的三面投影。

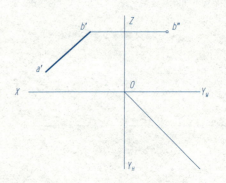

3. 已知水平线mn与V面的倾度为30°，长度为15 mm，试完成其三面投影。（想一想有几个答案）

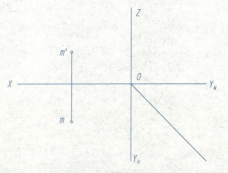

| 第2章　点、线、面的投影 | 班级 | | 姓名 | | 学号 | |

1. 判断两直线AB和CD的相对位置（平行、相交、交叉）。

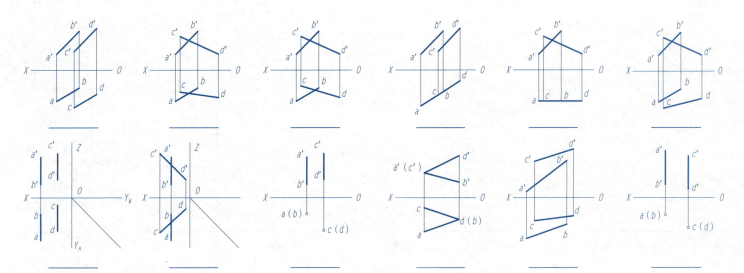

2. 求一般位置线的实长及对三个投影面的倾角α、β、γ。

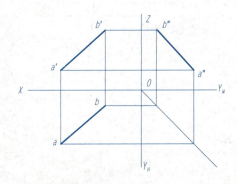

3. 已知两直线AB和CD相交于B点，且交点B距H面的距离为15mm，试完成直线AB的投影。

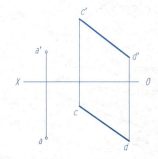

1. 作一条距V面10 mm的正平线，且同时与AB、CD直线相交。

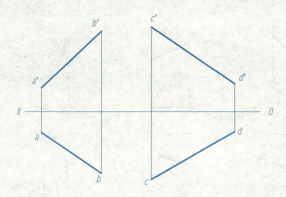

2. 已知AB∥CD，CD=15 mm，试完成AB、CD的三面投影。

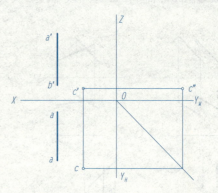

3. 试作出重影点的投影，并判断可见性。

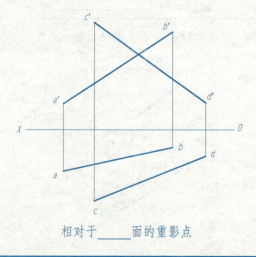

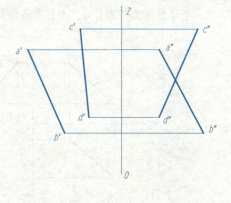

相对于_____面的重影点　　　　　相对于_____面的重影点　　　　　相对于_____面的重影点

1. 求作点C到正平线AB的距离。

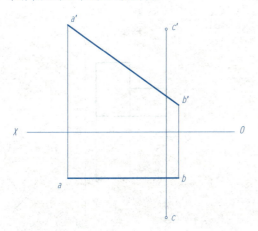

2. 已知三棱锥高为20 mm，试完成各顶点及三棱锥的正面和侧面投影。

判断各直线对投影面的相对位置：

SA是_____线；   SB是_____线；

SC是_____线；   AB是_____线；

BC是_____线；   AC是_____线。

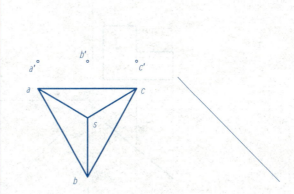

3. 作一水平线，距H面15 mm，且与AB和CD两直线相交。

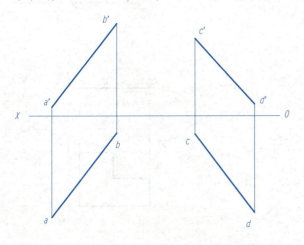

4. 过点M作一条与AB和CD同时相交的直线。

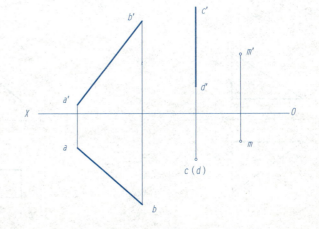

| 第2章　点、线、面的投影 | 班级 | | 姓名 | | 学号 | |

补画平面的第三面投影，并判断与投影面的相对位置，填在横线上。

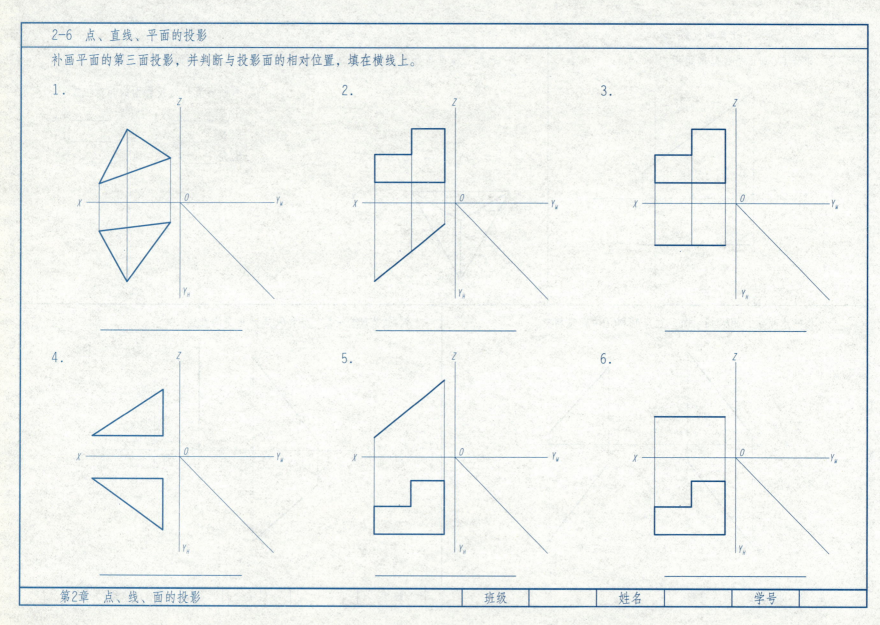

　　根据给定平面的一面投影，先判断该平面对投影面的相对位置，然后确定平面的形状，画出另外两面投影，并标出相应的字母。（要求构思出不同形状的平面）

1.

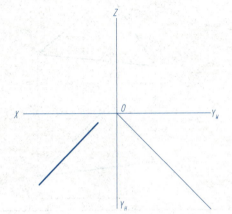

2.

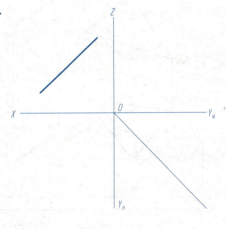

3.

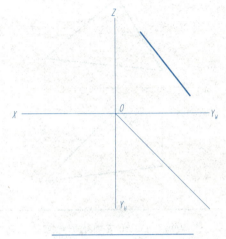

4.

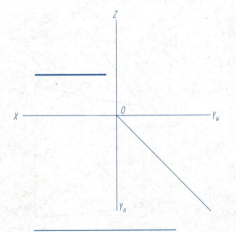

5.

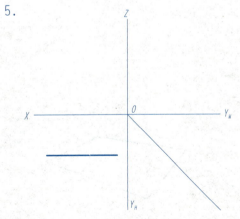

6.

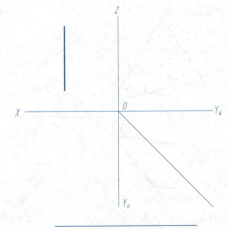

| 第2章　点、线、面的投影 | 班级 | | 姓名 | | 学号 | |

1. 在平面ABC上作一条距离H面为15 mm的水平线。

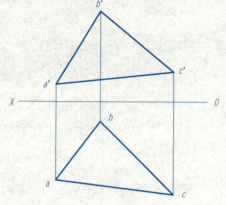

2. 判断直线MN是否在△ABC所确定的平面上。

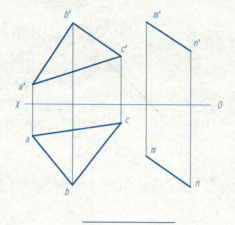

3. 判断点K是否在△ABC平面上。

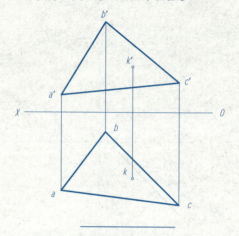

4. 已知MN在△ABC所确定的平面上，求作MN的水平投影。

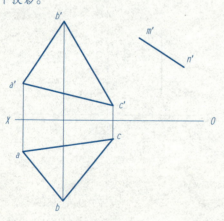

5. 试完成平面四边形ABCD的正面投影。

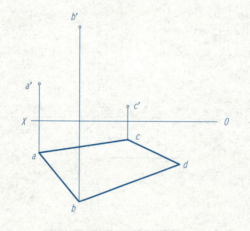

6. 已知点M在平面△ABC上，过M点作一水平线，并求出M点的水平投影。

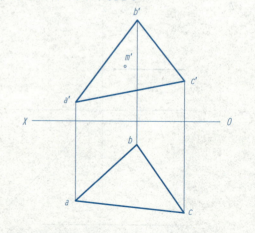

第2章 点、线、面的投影 | 班级 | | 姓名 | | 学号 |

1. 判断直线与平面的相对位置、平面与平面的相对位置，其中（1）、（2）用作图判断。

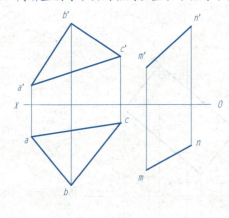

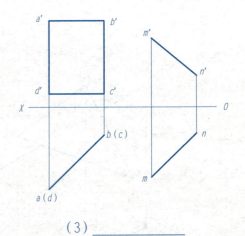

（1）＿＿＿＿＿＿　　　　　　（2）＿＿＿＿＿＿　　　　　　（3）＿＿＿＿＿＿

2. 判断平面与平面的相对位置，其中（1）用作图判断。

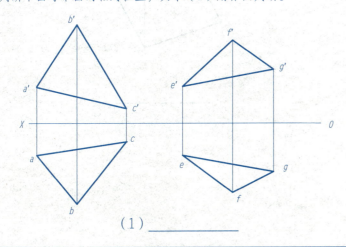

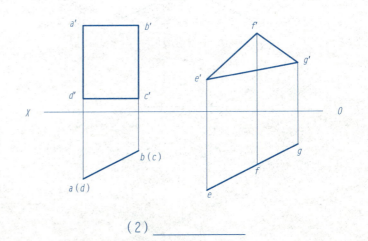

（1）＿＿＿＿＿＿　　　　　　　　　　　（2）＿＿＿＿＿＿

1. 求一般位置直线与特殊平面的交点，并判明可见性。

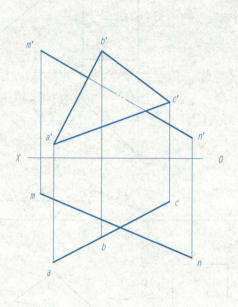

2. 求一般位置平面与特殊位置直线的交点，并判明可见性。

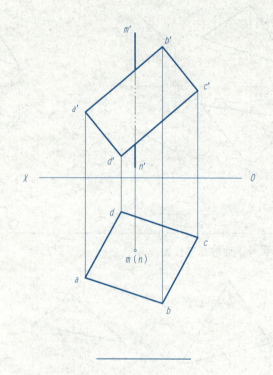

1. 求一般位置平面与特殊位置平面的交线，并判明可见性。

2. 求一般位置平面与一般位置平面的交线，并判明可见性。

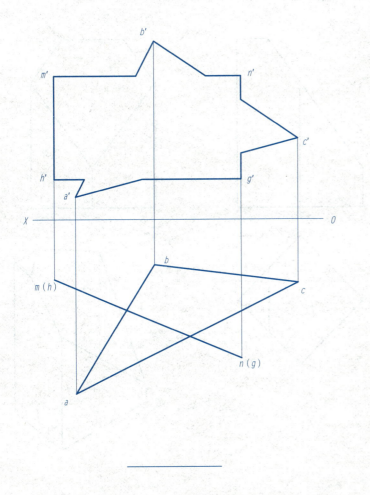

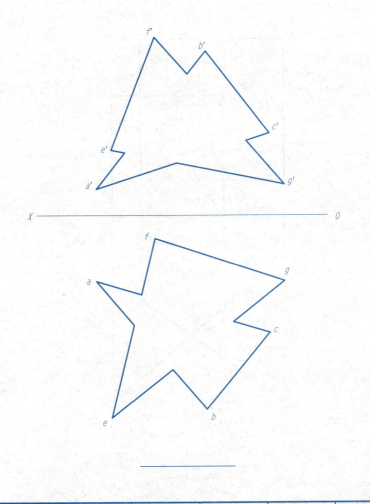

| 第2章 点、线、面的投影 | | 班级 | | 姓名 | | 学号 | |

1．求两面的交线，并判明可见性。

2．根据轴测图，在三视图上标出平面 *ABCDE* 的投影（用对应的字母标注），并作出平面 *ABCDE* 上点 *M* 的投影。

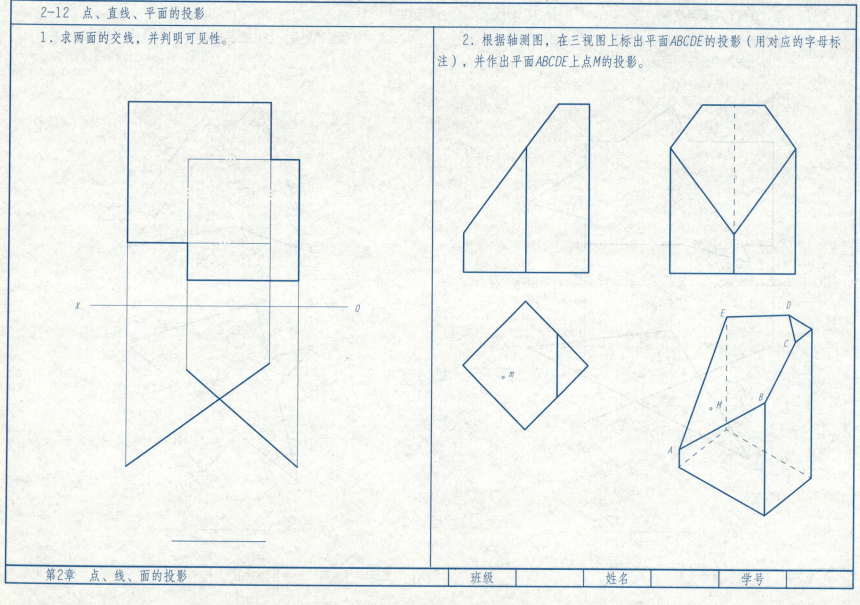

一、内容概要	二、题目类型

一、内容概要

1. 目的要求

换面法是图解空间几何问题的重要方法，是通过增设新的投影面，使从对原投影面处于一般位置的几何元素，变换到对新投影面处于有利于解题的特殊位置，从而解决空间几何要素的定位与度量问题。要求掌握换面法中四个基本作图，并灵活运用换面法解决实际问题。

（1）换面法的步骤：

①分析题意，明确已知和所求；

②空间分析，将几何元素放到空间，弄清已知和所求的空间位置关系及有利于解题的投影位置；

③拟定换面程序；

④换面作图。

（2）作图要点：

①正确设置新投影轴位置；

②分别由各投影点作新轴的垂直线并度量确定点的新投影；

③连线求点。

（3）在换面法中必须注意，新投影面必须垂直于原投影体系中的某一投影面，所以基本作图中新投影面的选择很重要。

2. 重点难点

（1）换面原则；

（2）点的一次换面作图规律；

（3）换面法中四个基本作图；

（4）四个基本问题能够求解的问题及作图要点。

二、题目类型

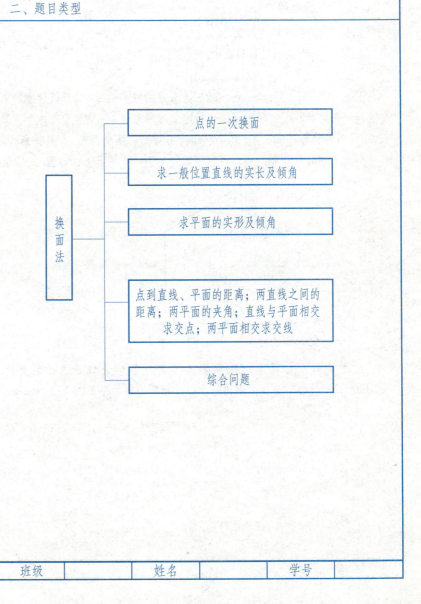

换面法
- 点的一次换面
- 求一般位置直线的实长及倾角
- 求平面的实形及倾角
- 点到直线、平面的距离；两直线之间的距离；两平面的夹角；直线与平面相交求交点；两平面相交求交线
- 综合问题

例1 点的一次换面示例

题目 作点A在新投影体系中的新投影。

分析 如图（a）所示，点A在V/H体系中的投影为a'、a，假设按解题需要选取V_1面替换V面，使$V_1 \perp H$，这样建立的投影体系V_1/H称为新体系，原体系V/H称为旧体系；a'、a、a'_1分别称为旧投影、不变投影、新投影；X和X_1分别称为旧轴和新轴。将各投影面展开到同一个平面上，如图（b）所示。

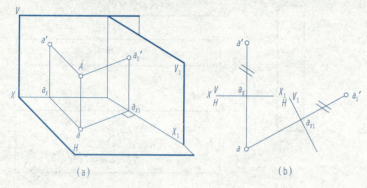

（a）　　　　　　　　　（b）

点的换面投影规律：新投影与不变投影的连线垂直于新轴（即$aa'_1 \perp X_1$），新投影到新轴的距离等于旧投影到旧轴的距离，$a'_1 a_{X_1} = a' a_X$。

作图步骤

（1）按条件在适当位置作X_1轴。

（2）过不变投影a作X_1的垂线aa_{X_1}。

（3）在aa_{X_1}延长线上取新投影a'_1，使$a'_1 a_{X_1} = a' a_X$。

按解题需要也可以设立H_1替换H。

第3章　换面法	班级		姓名		学号	

例2 求一般位置直线的实长和倾角示例

题目 求直线 AB 的实长和直线对 H 面、V 面的倾角。

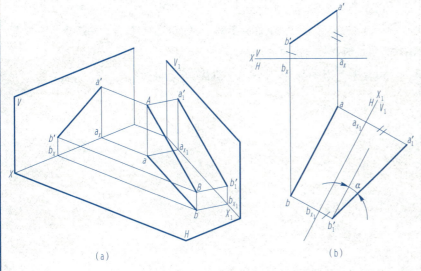

(a)   (b)

分析 图(a)所示为将一般位置直线 AB 变换为新投影面 V_1 的平行线，AB 在 V_1 面上的投影 $a_1'b_1'$ 反映 AB 的实长，$a_1'b_1'$ 与 X_1 轴的夹角将反映 AB 对 H 面的倾角 α。

作图步骤

（1）作新投影轴 $X_1 /\!/ ab$〔图(b)〕。

（2）分别由 a、b 两点作 X_1 轴的垂线，与 X_1 轴交于 a_{X_1}、b_{X_1}，然后在垂线上量取 $a_1' a_{X_1} = a' a_X$，$b_1' b_{X_1} = b' b_X$，得到新投影 a_1'、b_1'。

（3）连接 a_1'、b_1' 得投影 $a_1'b_1'$，它反映 AB 的实长，与 X_1 轴的夹角反映 AB 对 H 面的倾角 α。

第3章 换面法	班级		姓名		学号	

例3 一般位置平面变成投影面的垂直面示例

题目 把ABC平面变成投影面的垂直面。

作图步骤

（1）在△ABC上作水平线CD，其投影为$c'd'$和cd［图（b）］。

（2）作$X_1 \perp cd$。

（3）作△ABC在V_1面上的投影$a'_1b'_1c'_1$。$a'_1b'_1c'_1$积聚为一条直线，它与X_1轴夹角反映△ABC对H面的倾角α。

图（c）所示为求△ABC对V面的倾角β的作图情况。

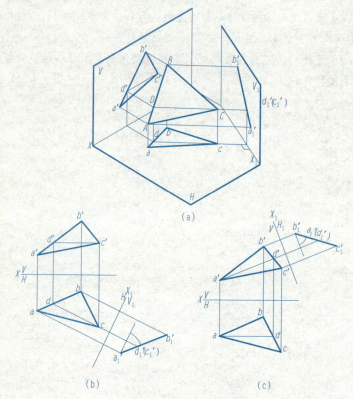

（a）

（b）   （c）

分析 如图（a）所示，△ABC为一般位置平面，若将其变换为新投影面的垂直面，可取新投影面V_1代替V面，V_1面既要垂直△ABC，又须垂直H面，为此可在△ABC上先作一水平线CD，然后作V_1面与该水平线垂直，则V_1面也一定垂直H面。

1. 求点 A 的新投影 a_1。

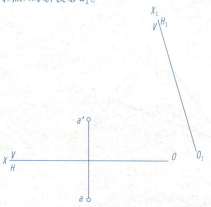

3. 求 $\triangle ABC$ 的实形。

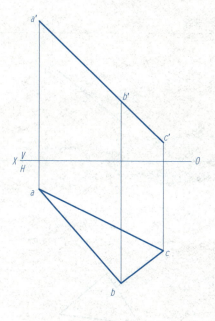

2. 求直线 AB 的实长和直线对 H 面、V 面的倾角。

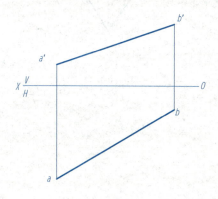

| 第3章 换面法 | | 班级 | | 姓名 | | 学号 | |

1. $AB=40\,mm$，完成AB的正面投影及对V面的倾角。

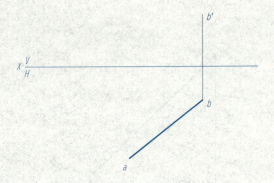

2. 求平面ABC对V面的倾角。

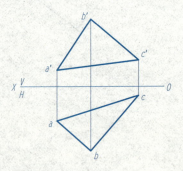

3. 求点M到平面ABC的距离。

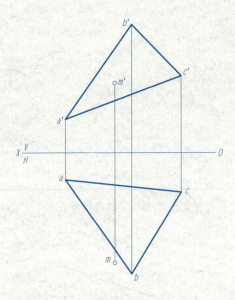

1. 求作等边△ABC的水平投影。

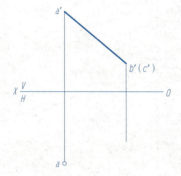

2. 在直线AB上取一点C，使它到M、N两点的距离相等。

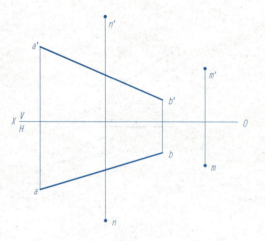

第3章 换面法

班级		姓名		学号	

1．正方形ABCD，其中AB为正平线，点C在B的前上方，ABCD对V面的倾角为45°，补全正方形的两面投影。

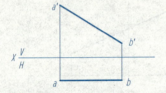

2．求直线EF在ABCD平面上的正投影。

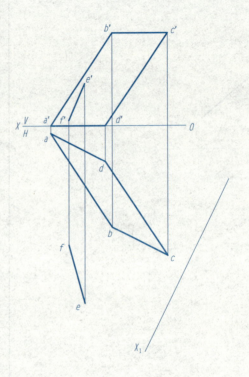

一、内容概要

1. 目的要求

几何立体投影是复杂形体投影的基础，要求熟练掌握平面立体（包括棱柱、棱锥、棱台）投影规律及准确的三视图画法，掌握其表面上点和线的投影作图方法，熟练掌握回转体（包括圆柱、圆锥、球、圆环体）投影规律及准确的三视图画法，掌握这些回转体表面上点和线的投影作图。

（1）平面立体、回转体绘制三视图步骤：

①分析形状，明确形体的空间位置；

②确定投射方向，先绘制特征明显的视图，一般先绘制多边形底面，再结合三等规律完成其他视图；

③注意视图中不可见棱线要用虚线表达；

④对于对称图形，注意绘制中心对称线，并注意线型选用；

⑤检查视图绘制是否完整、准确。

（2）立体表面上的点和线作图：

①根据已知条件准确判断点、线所在立体表面上的空间位置；

②利用素线法、截面法、辅助圆法及点的投影规律进行作图；

③判别所求点或线投影的可见性。

平面几何体和回转体三视图作图并不困难，注意积累这些基本形体视图特点，为今后学习复杂形体投影打好基础。

2. 重点难点

（1）棱柱、棱锥、圆柱、圆锥、球、圆环体三视图；

（2）立体表面上点和线空间位置分析；

（3）素线法、辅助圆法、截面法。

二、题目类型

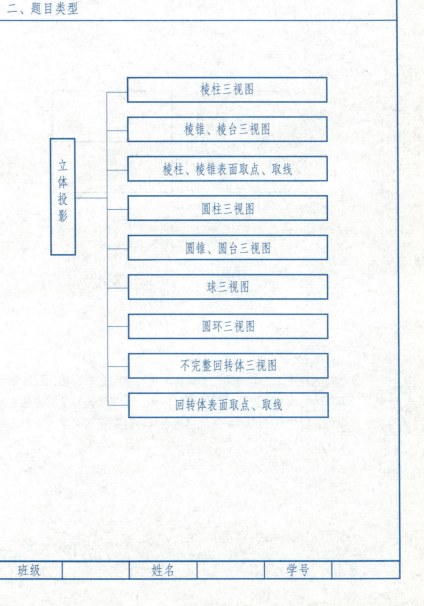

第4章　立体的投影

班级　　　　姓名　　　　学号

例1　平面立体三视图示例

题目　补画六棱柱第三投影。

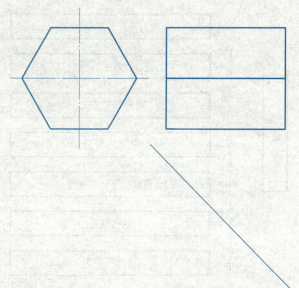

作图步骤

（1）从左视图向水平投影面作两端面投影连线。

（2）从主视图各个棱线向水平投影面作投影连线。

（3）保留有用的轮廓线，注意选择线型。

（4）注意俯视图是对称图形，因此要按规定绘制中心对称线。

（5）检查视图，完成作图。

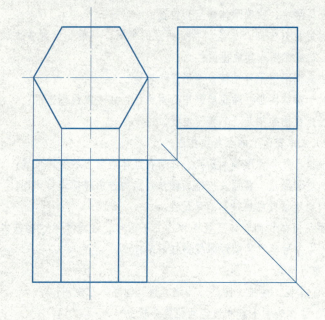

分析　主视图是正六边形，反映正六棱柱端面形状大小，从所给视图中，很容易确定六棱的空间位置及投射方向。左视图反映了六棱柱整体的高度，作图过程中要想象六棱柱的空间形状，这一点很重要，根据三等规律完成俯视图的补画。

第4章　立体的投影　　　　班级　　　　姓名　　　　学号

例2 求立体表面上的点投影示例

题目 已知圆锥表面上的点M、N、K的一面投影，求各点另外两面投影。

作图步骤

（1）过m′作纬圆正面投影积聚的线并与圆锥正面投影相交。

（2）由其中的一个交点向水平投影作连线，交于水平投影对称线，从该交点到圆锥水平投影中心即为纬圆水平投影半径，然后画出纬圆水平投影。

（3）从m′向水平投影作投影连线，与所作纬圆投影相交，有两个交点，根据空间位置可见性，确定其中一个正确交点即为M点的水平投影m。

（4）根据点的投影规律求得投影m″。

（5）根据点的空间位置判断所求得投影的可见性。

N点和K点投影作图类似，结合已给作图，读者自行分析作图过程。

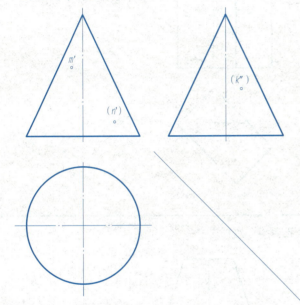

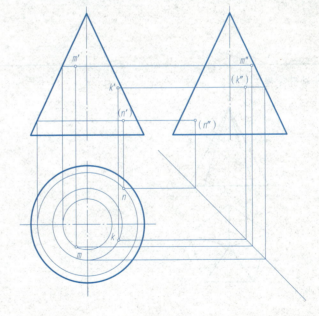

分析 根据所给点的投影及其位置情况，先判断各个点的空间位置，根据m′可见性及位置确定M点在前半锥左侧锥面上，根据（n′）可见性及位置，确定N点在后半锥右侧锥面上，根据（k″）可见性及位置，确定K点在前半锥右侧锥面上。利用纬圆法作图取得各个点的水平投影m、n、k，再根据点的两面投影求第三投影。

1. 补画五棱柱俯视图。

2. 补画四棱柱左视图。

3. 补画五棱锥左视图。

4. 补画正四棱台左视图。

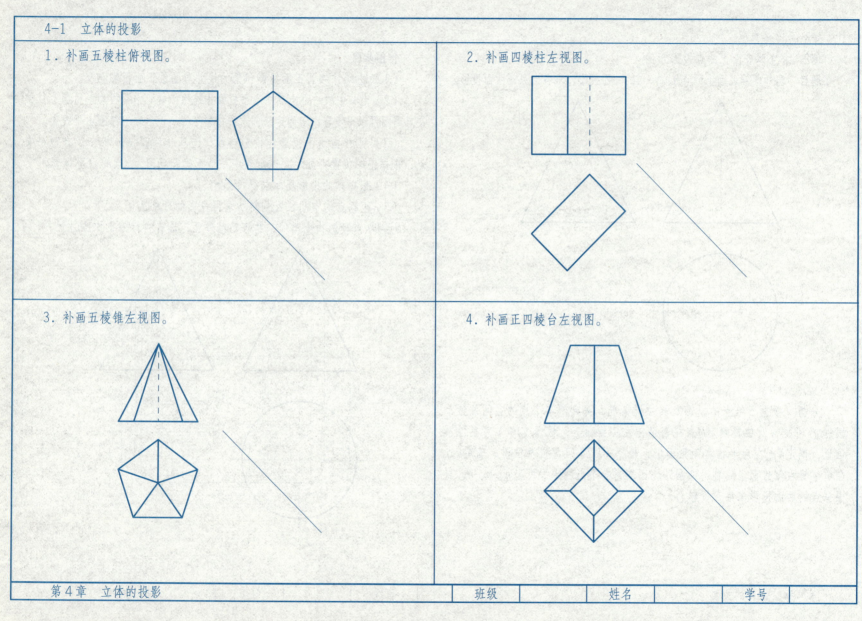

第4章 立体的投影 | 班级 | 姓名 | 学号

1. 已知六棱柱表面上点 A、B、C、D、E、K 的一面投影，求这六点的另外两面投影。

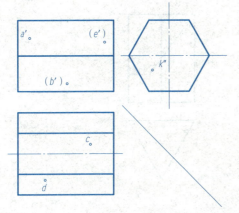

2. 已知四棱锥表面上点 A、B、C、D 的一面投影，求这四点的另外两面投影。

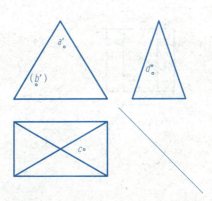

3. 已知三棱锥表面上三点 A、B、C 的一面投影，求这三点的另外两面投影。

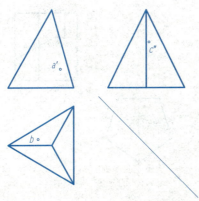

4. 已知正四棱台表面上点 A、B、C、D 的一面投影，求这四点的另外两面投影。

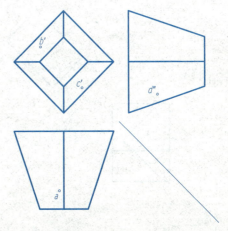

第4章　立体的投影	班级		姓名		学号	

1. 补画六棱柱左视图，作出六棱柱表面折线ABCD侧面投影，并判断可见性。

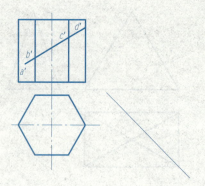

2. 补画三棱柱左视图，作出三棱柱表面折线ABCD侧面投影，并判断可见性。

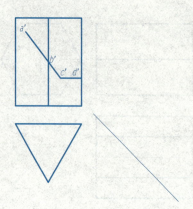

3. 补画四棱柱主视图，并作出四棱柱表面折线ABCD正面投影。

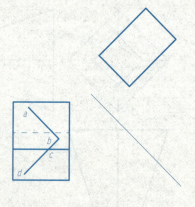

4. 补画五棱柱主视图，作出五棱柱表面折线ABCDE的正面投影，并判断可见性。

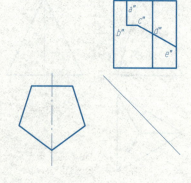

| 第4章 立体的投影 | 班级 | | 姓名 | | 学号 | |

1．补画三棱锥左视图，作出三棱锥表面折线*ABC*水平投影及侧面投影，并判断可见性。

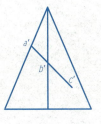

2．补画四棱锥左视图，作出四棱锥表面折线*ABCD*水平投影及侧面投影，并判断可见性。

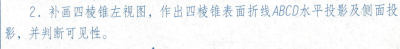

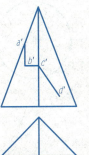

3．补画四棱台左视图，作出四棱台表面折线*ABCDE*水平投影及侧面投影。

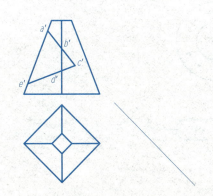

4．补画五棱台左视图，作出五棱台表面折线*ABCDE*的正面投影及侧面投影，并判断可见性。

| 第4章 立体的投影 | 班级 | | 姓名 | | 学号 | |

1. 补画圆柱俯视图。

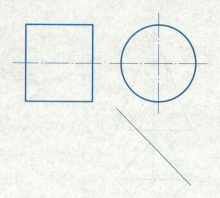

2. 补画圆锥左视图。

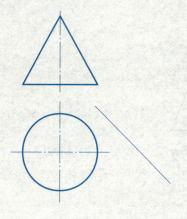

3. 补画球体主视图。

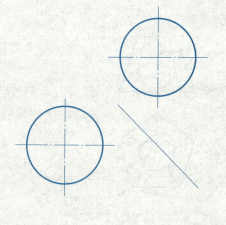

4. 补画圆环体左视图。

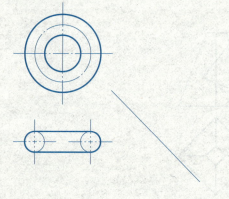

| 第4章 立体的投影 | 班级 | | 姓名 | | 学号 | |

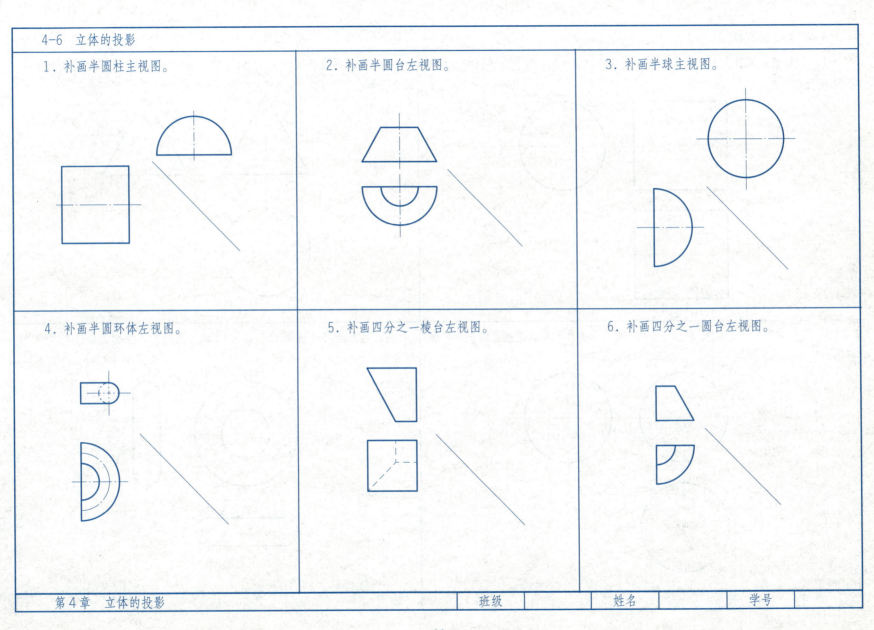

4-6 立体的投影

1. 补画半圆柱主视图。

2. 补画半圆台左视图。

3. 补画半球主视图。

4. 补画半圆环体左视图。

5. 补画四分之一棱台左视图。

6. 补画四分之一圆台左视图。

第4章 立体的投影

班级　　姓名　　学号

1. 已知圆柱表面上点A、B、C、D、E、K的一面投影，作图完成这些点的另外两面投影。

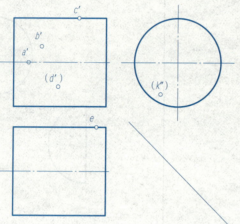

2. 已知圆锥表面上点A、B、C的一面投影，作图完成这些点的另外两面投影。

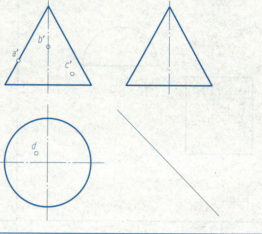

3. 已知球体表面上点A、B、C、D的一面投影，作图完成这些点的另外两面投影。

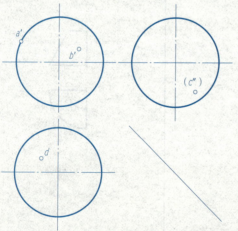

4. 已知圆环体表面上点A、B、C的一面投影，作图完成这些点的另外两面投影。

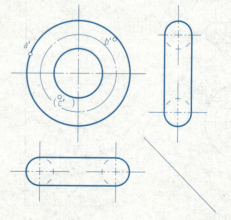

| 第4章　立体的投影 | 班级 | | 姓名 | | 学号 | |

1. 已知圆柱表面上线ABCD的一面投影，作图完成该线的另外两面投影。

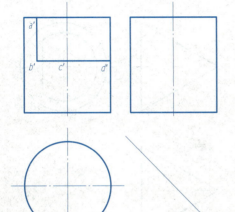

2. 已知圆锥表面上线ABCD的一面投影，作图完成该线的另外两面投影。

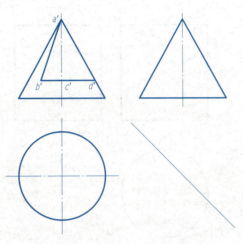

3. 已知球体表面上线ABCD的一面投影，作图完成该线的另外两面投影。

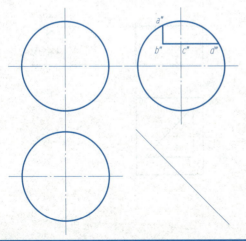

4. 已知半圆柱表面上线AB的一面投影，作图完成该线的另外两面投影。

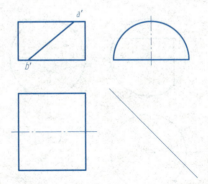

| 第4章 立体的投影 | 班级 | | 姓名 | | 学号 | |

1. 已知圆柱表面上线ABCD的一面投影，作图完成该线的另外两面投影。

2. 已知圆锥表面上线ABCDEF的一面投影，作图完成该线的另外两面投影。

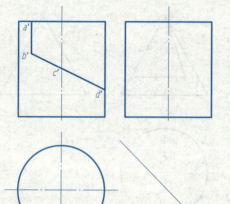

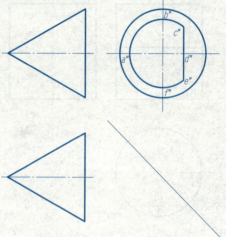

3. 已知球体表面上线ABCDE的一面投影，作图完成该线的另外两面投影。

4. 已知半圆柱表面上线ABCDE的一面投影，作图完成该线的另外两面投影。

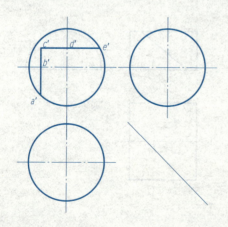

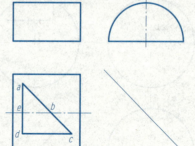

| 第4章　立体的投影 | 班级 | | 姓名 | | 学号 | |

一、内容概要	二、题目类型

一、内容概要

1. 目的要求

在机器零件上，经常出现截交线和相贯线，必须了解它们的形成和投影特性，掌握作图方法和步骤。

通过学习要求学生掌握以下内容：

（1）平面立体截切截交线的分析及作图；

（重点为棱柱、棱锥的截切）

（2）回转体截切截交线的分析及作图；

（重点为圆柱、圆锥、圆球的截切）

（3）平面立体与回转体相交相贯线的分析及作图；

（平曲相贯，就是求截交线与贯穿点）

（4）回转体相交相贯线的分析及作图；

（掌握积聚性法和辅助平面法的作图原理）

2. 重点难点

（1）平面立体截切；

（2）回转体截切；

（3）平面立体与回转体相贯；

（4）回转体相贯。

二、题目类型

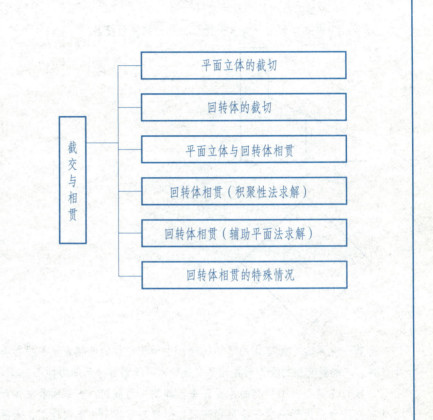

第5章　截交与相贯	班级		姓名		学号	

例1 平面立体截切截交线的求解示例

题目 完成立体截切后的水平投影，并补画侧面投影。

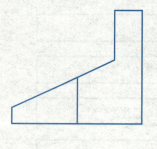

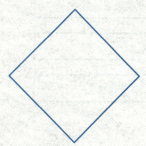

分析 此题为平面立体的截切问题，由于此棱柱的侧棱面水平投影有积聚性，求解截交线的投影时要注意交线的水平投影部分已知的特点。

四棱柱左端由两个相交的平面正垂面和侧平面截切，正垂面截立体产生的截交线为五边形，水平投影和侧面投影都为五边形（类似性），水平投影缺一条投影线，侧平投影待求；侧平面截切立体交线为矩形，水平投影积聚为直线段（待求），侧面投影为矩形，反映实形（待求）。

作图步骤

（1）补全交线的水平投影（一条线段、积聚性）。

（2）定出45°辅助线的位置，用细实线画出四棱柱没有被截切之前的完整投影（矩形框）。

（3）画出正垂面截切交线的侧面投影五边形（棱柱表面取点）。

（4）画出侧平面截切交线的侧面投影（矩形、实形性）。

（5）检查棱线的侧面投影，按规定线型描深，完成全图。

注意虚线不要遗漏。

例2 回转体截交线的求解示例

题目 补全圆柱被截切后的侧面投影,补画水平投影。

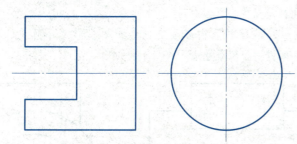

作图步骤

(1)补全水平面截切交线的侧面投影(上下两条线段、积聚性)。

(2)定出45°辅助线的位置,画出水平面截切交线的水平投影(矩形、实形性)。

(3)画出侧平面截切交线的水平投影(前后两条线段、积聚性)。

(4)画出截平面之间交线的水平投影(虚线)。

(5)补全圆柱轮廓线的投影,完成全图。

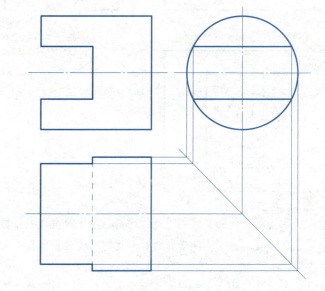

分析 此题为回转体圆柱的截切问题,圆柱被平面截切,表面产生的交线有三种情况(圆、椭圆、矩形)。

此圆柱轴线水平放置,左端切口由上下两个水平面和一个侧平面组成。两水平面与轴线平行,截圆柱产生的交线为矩形,其正面投影与截平面的正面投影重合,积聚为直线段(已知),侧面投影积聚为直线段(待求),水平投影反映实形(待求);侧平面与轴线垂直,截圆柱产生的截交线为侧平圆弧,其正面投影积聚为直线段(已知),水平投影积聚为直线段(待求),侧面投影反映实形(已知)。

例3 两立体相交相贯线的求解示例

题目 补全相交立体的正面投影。

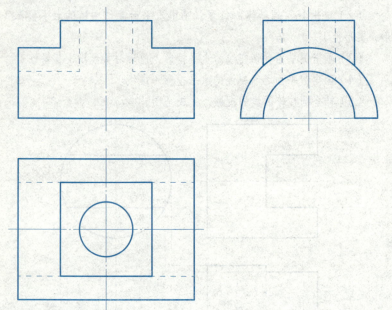

分析 此题为两立体相交求相贯线的问题，水平放置的半圆柱筒上方相贯一个穿孔四棱柱。两立体外表面相交产生的交线为平曲相贯问题，内表面相交为回转体相贯问题（交线为一条闭合的空间曲线）。

两立体外表面交线的水平投影和侧面投影已知，分别在两立体有积聚性的投影上（四边形上和大圆弧上）；两立体内表面交线的水平投影和侧面投影已知，分别在圆柱面有积聚性的投影上（小圆周上和小圆弧上），正面投影待求。

作图步骤

（1）求棱柱侧棱面与圆柱外表面的交线的正面投影，即平曲相贯（求几段截交线的组合）。

（2）求两圆柱孔内表面交线的正面投影（不可见，画出虚线），求解方法为积聚性法。

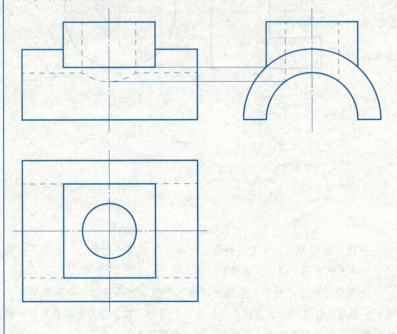

1. 作出五棱锥被正垂面截切后的水平投影和侧面投影。

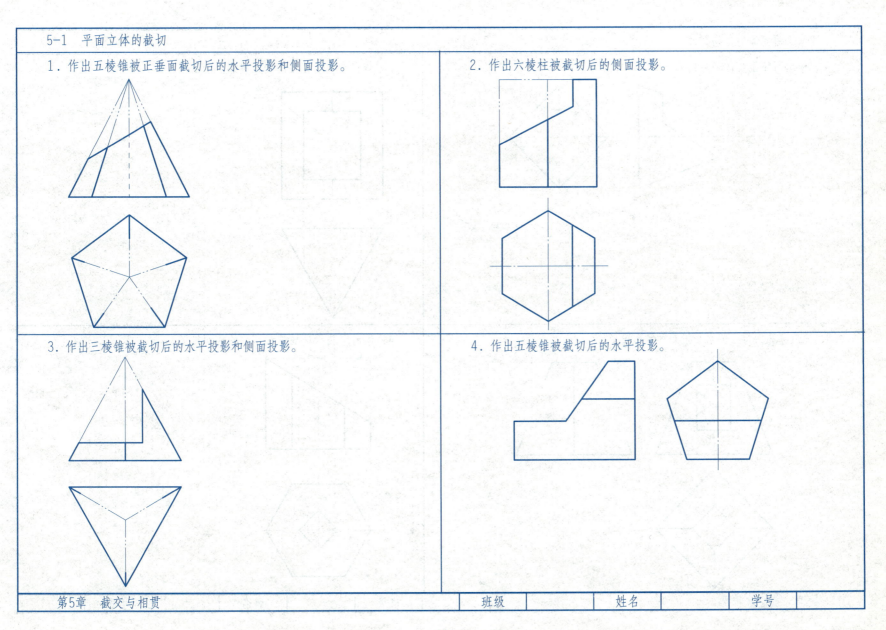

2. 作出六棱柱被截切后的侧面投影。

3. 作出三棱锥被截切后的水平投影和侧面投影。

4. 作出五棱锥被截切后的水平投影。

| 第5章 截交与相贯 | 班级 | | 姓名 | | 学号 | |

1. 作出四棱锥被截切后的水平投影和侧面投影。

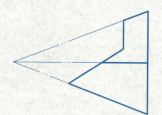 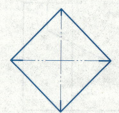

2. 作出穿孔三棱柱的侧面投影。

通孔

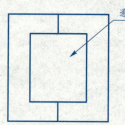

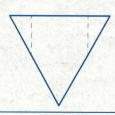

3. 完成穿孔四棱台的水平投影和侧面投影。

通孔

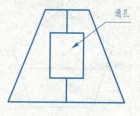 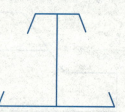

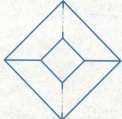

4. 作出穿孔六棱柱被截切后的侧面投影。

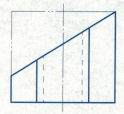

第5章　截交与相贯		班级		姓名		学号	

1. 完成圆柱被正垂面截切后的侧面投影。

2. 完成圆柱被截切后的水平投影。

3. 完成圆柱被截切后的侧面投影。

4. 补全圆柱被截切后的水平投影，并补画侧面投影。

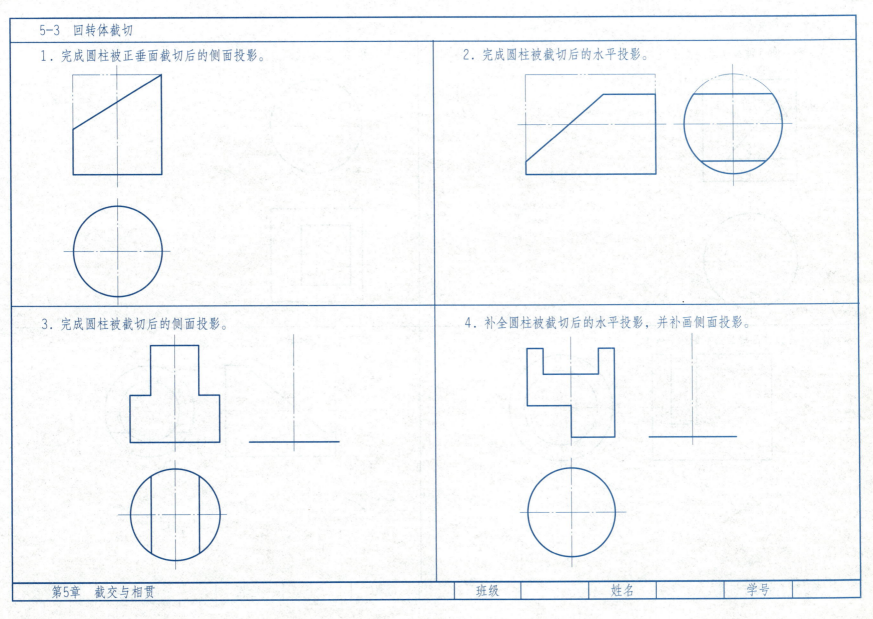

1. 补全圆柱被截切后的水平投影，并补画侧面投影。

2. 补画穿孔圆柱的侧面投影。

3. 补画圆柱筒被截切后的水平投影。

4. 补画圆柱筒被截切后的水平投影。

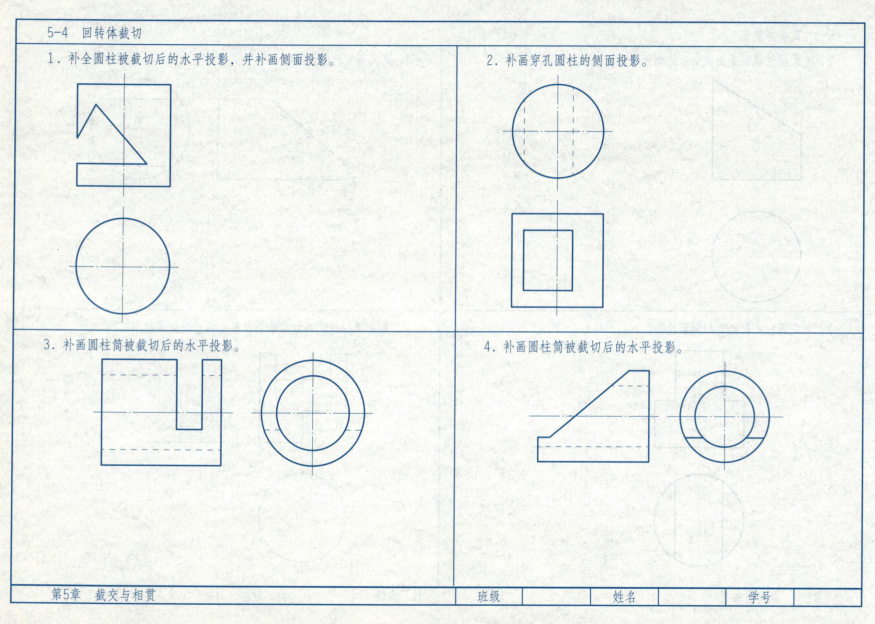

1. 完成圆锥被正垂面截切后的水平投影和侧面投影。

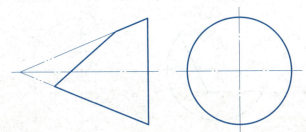

2. 完成圆锥被截切后的水平投影和侧面投影。

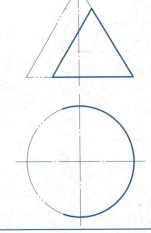

3. 完成圆锥被截切后的水平投影和侧面投影。

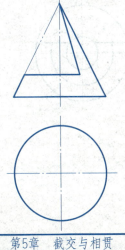

4. 完成圆锥被截切后的水平投影和侧面投影。

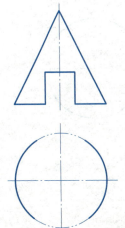

| 第5章　截交与相贯 | 班级 | | 姓名 | | 学号 | |

1. 补全半球被截切后的正面投影和水平投影。

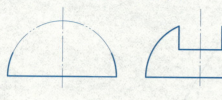

2. 完成圆球被截切后的水平投影和侧面投影。

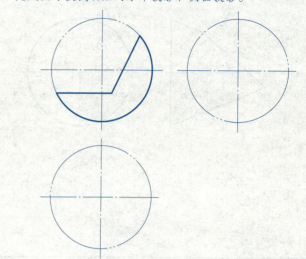

3. 完成组合回转体被截切后的水平投影和侧面投影。

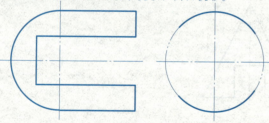

4. 完成组合回转体被截切后的水平投影。

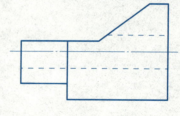

| 第5章　截交与相贯 | 班级 | | 姓名 | | 学号 | |

1. 补全立体的正面投影和侧面投影。

2. 补全立体的正面投影和侧面投影。

3. 补全立体的正面投影。

4. 补全立体的正面投影。

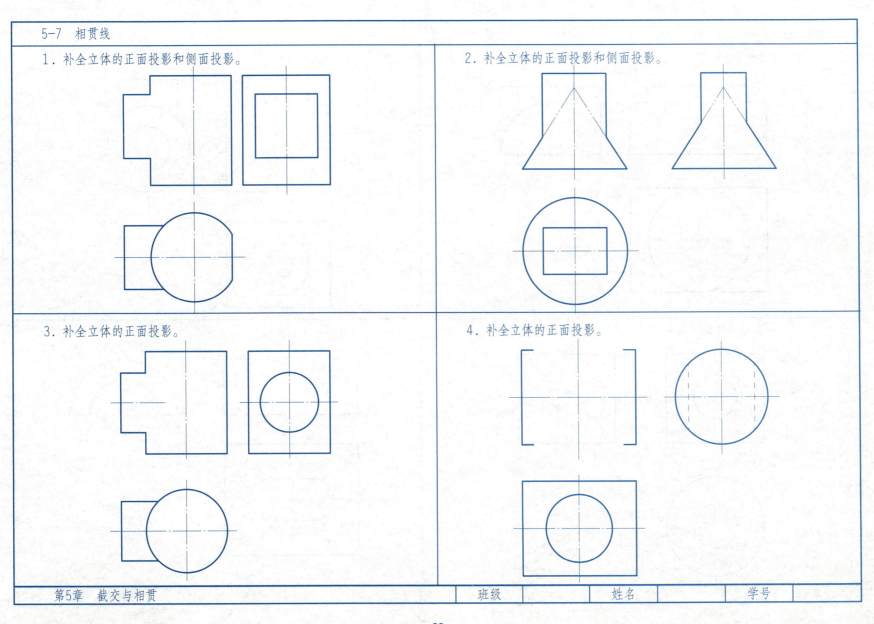

| 第5章 截交与相贯 | 班级 | | 姓名 | | 学号 | |

1. 补全立体的正面投影。

2. 补全立体的正面投影。

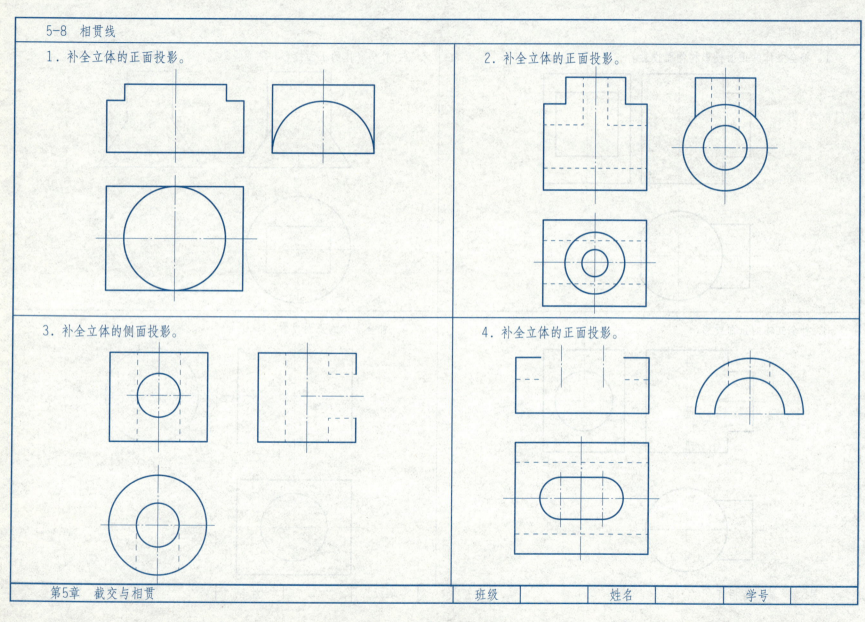

3. 补全立体的侧面投影。

4. 补全立体的正面投影。

1. 补画立体的侧面投影。

2. 补画立体的侧面投影。

3. 补画立体的侧面投影。

4. 完成立体的侧面投影。

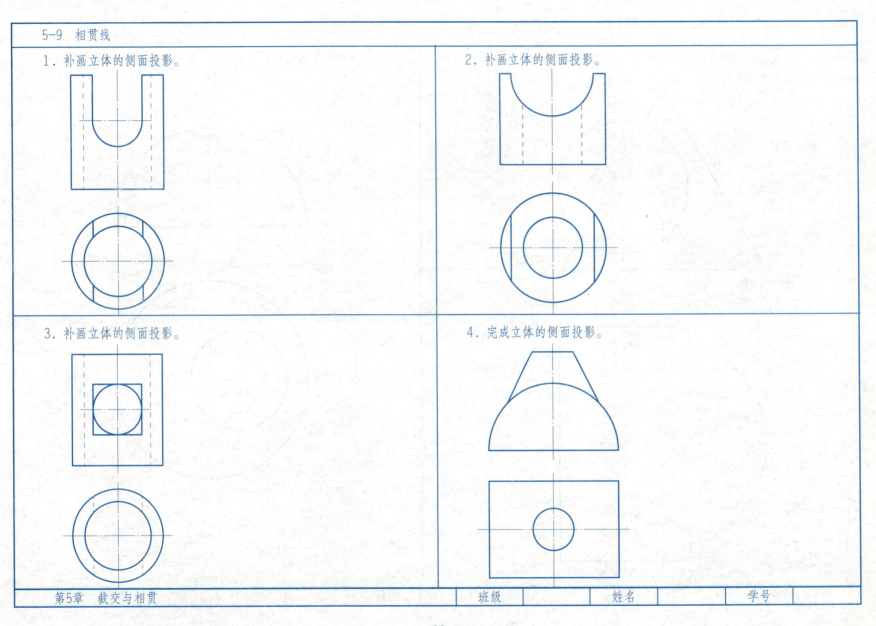

第5章　截交与相贯

班级		姓名		学号	

1. 完成立体的水平投影。

2. 完成穿孔半球的正面投影。

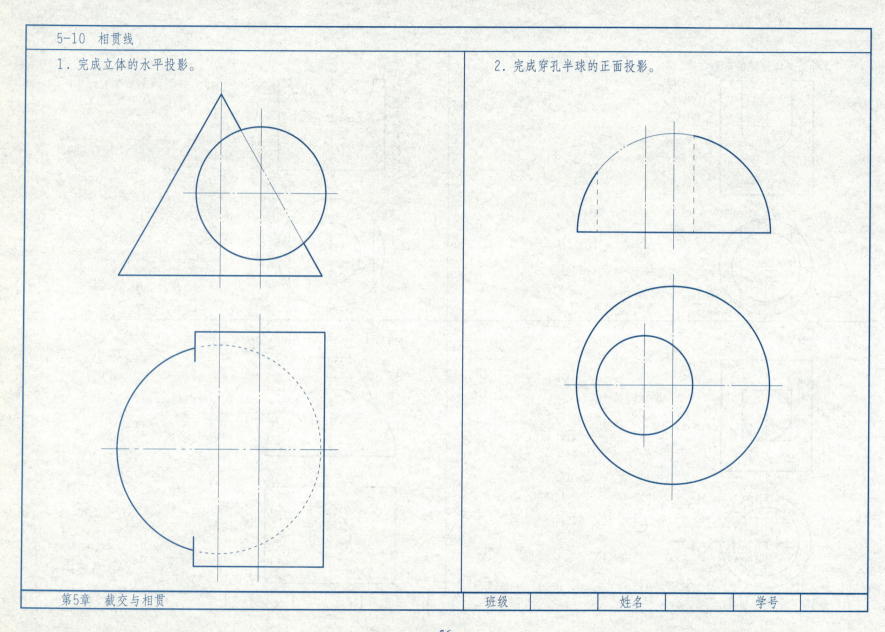

第5章 截交与相贯

班级		姓名		学号	

1. 补全相交立体的正面投影和水平投影。

2. 补全相交立体的正面投影和水平投影。

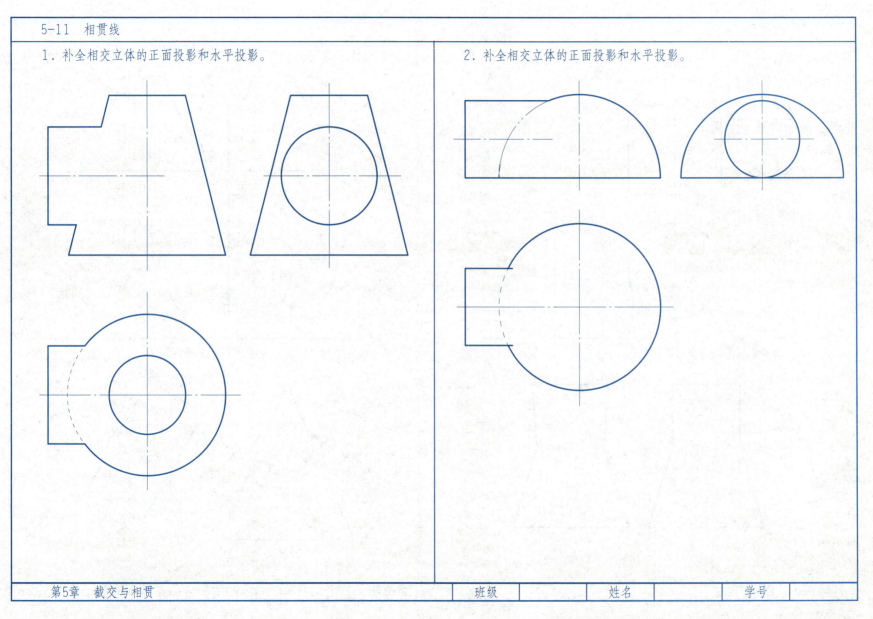

1.补全立体的水平投影，并补画侧面投影。

2.完成多体相交的三面投影。

3.同轴回转体相贯，补全正面投影。

(a)　　　　　(b)

4.圆球与同轴回转体相贯，补全正面投影。

(a)　　　　　(b)

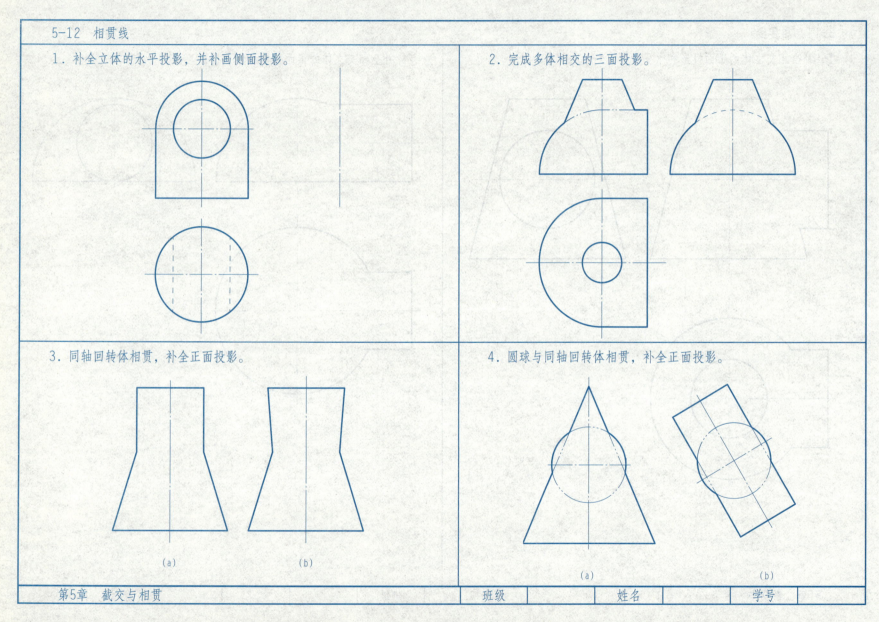

第5章　截交与相贯

班级		姓名		学号	

1. 圆柱与圆柱相贯，补全立体相贯后的正面投影。

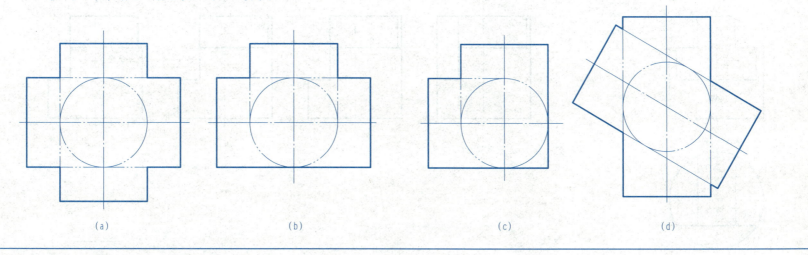

(a)　　　　　　　　　(b)　　　　　　　　　(c)　　　　　　　　　(d)

2. 圆柱与圆台相贯，补全立体相贯后的正面投影。

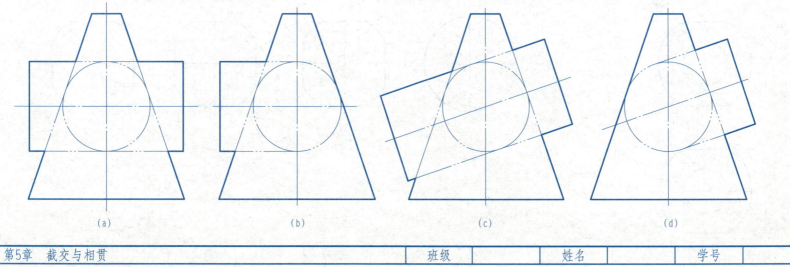

(a)　　　　　　　　　(b)　　　　　　　　　(c)　　　　　　　　　(d)

第5章　截交与相贯　　　　　　　班级　　　　　姓名　　　　　学号

1. 已知立体的正面投影和水平投影，将正确的侧面投影图号写在右侧答案栏里。

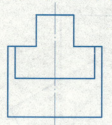

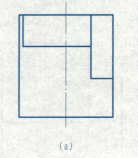

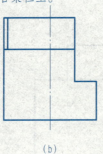

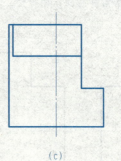

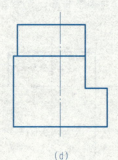

　　　　　(a)　　　　　　　(b)　　　　　　　(c)　　　　　　　(d)

正确答案：＿＿＿＿＿

2. 已知立体的正面投影和水平投影，将正确的侧面投影图号写在右侧答案栏里。

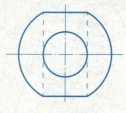

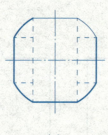

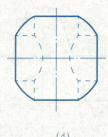

　　　　　(a)　　　　　　　(b)　　　　　　　(c)　　　　　　　(d)

正确答案：＿＿＿＿＿

| 第5章　截交与相贯 | 班级 | | 姓名 | | 学号 | |

1. 已知立体的正面投影和水平投影，将正确的侧面投影图号写在右侧答案栏里。

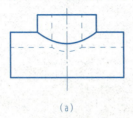

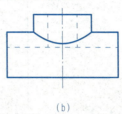

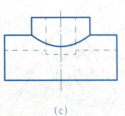

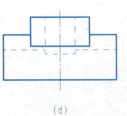

(a)　　　　　　　(b)　　　　　　　(c)　　　　　　　(d)

正确答案：_____

2. 下面给出四组形体的两面投影，指出正确的两面投影。

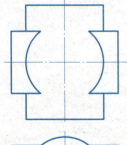
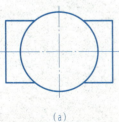

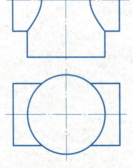

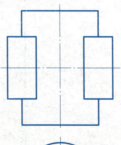
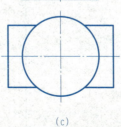

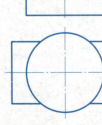

(a)　　　　　　　(b)　　　　　　　(c)　　　　　　　(d)

正确答案：_____

| 第5章　截交与相贯 | | 班级 | | 姓名 | | 学号 | |

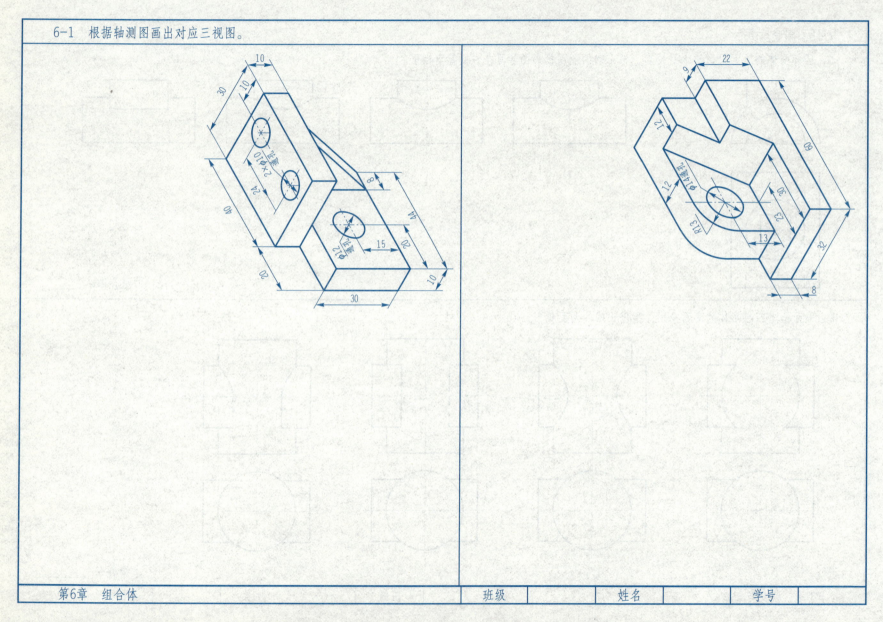

6-2.1 按组合步骤分步画图及看图，依次想出各部分的形状，并画出第三视图。

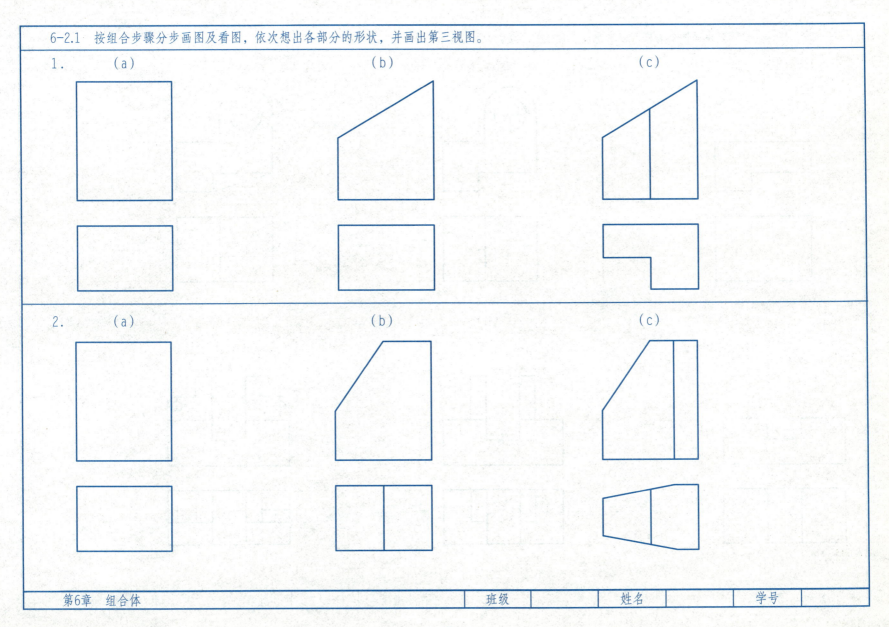

1.　　　（a）　　　　　　　　　　　（b）　　　　　　　　　　　（c）

2.　　　（a）　　　　　　　　　　　（b）　　　　　　　　　　　（c）

| 第6章　组合体 | | 班级 | | 姓名 | | 学号 | |

6-2.2 按组合步骤分步画图及看图，依次想出各部分的形状，并画出第三视图。

1. （a） （b） （c）

2. （a） （b） （c）

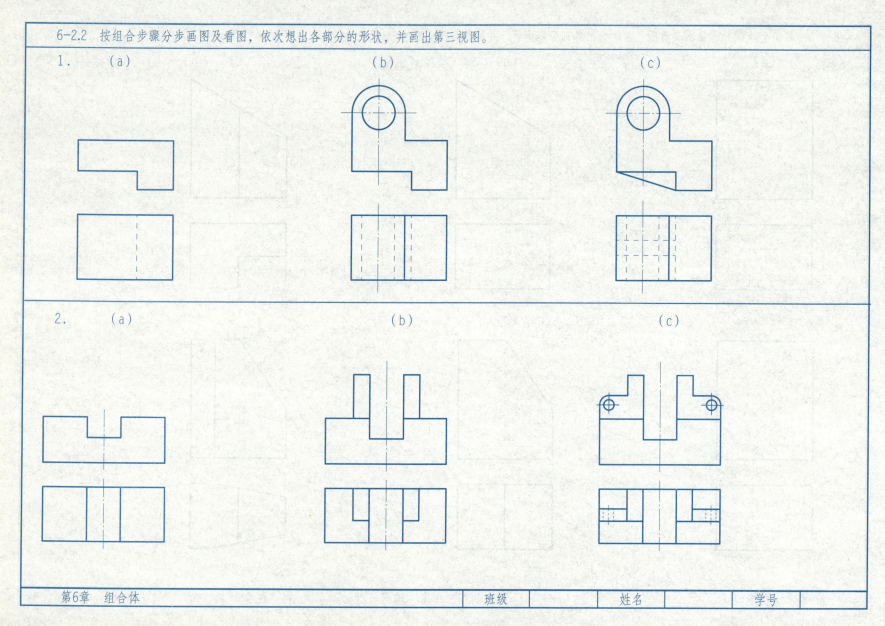

| 第6章　组合体 | 班级 | | 姓名 | | 学号 | |

6-3.1 根据已给视图，补全主视图中所缺的线。

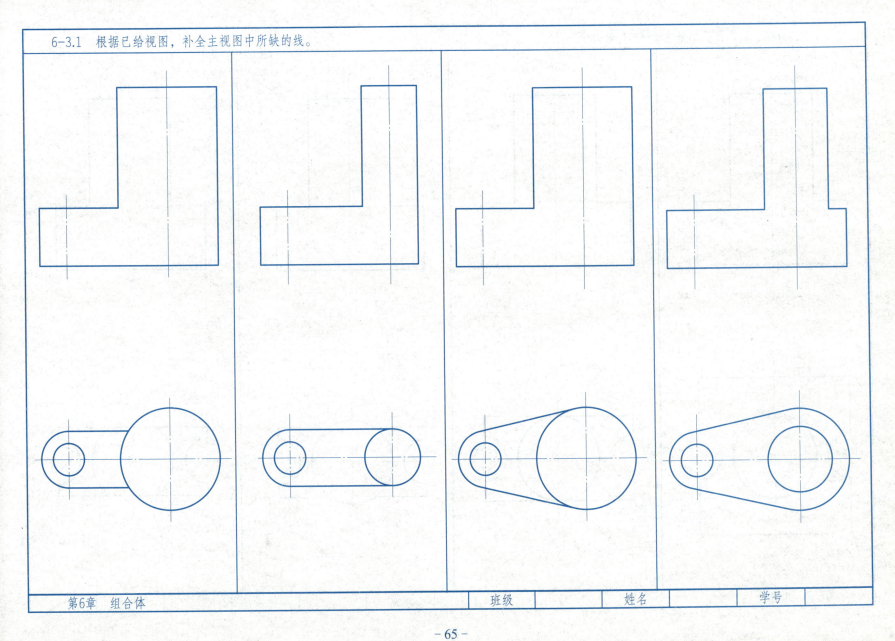

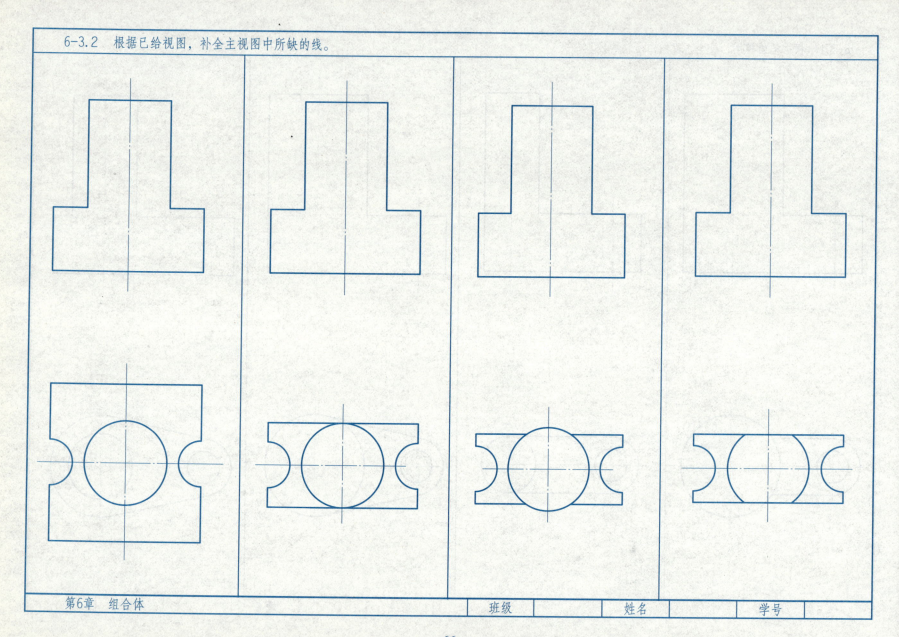

第6章 组合体

班级		姓名		学号	

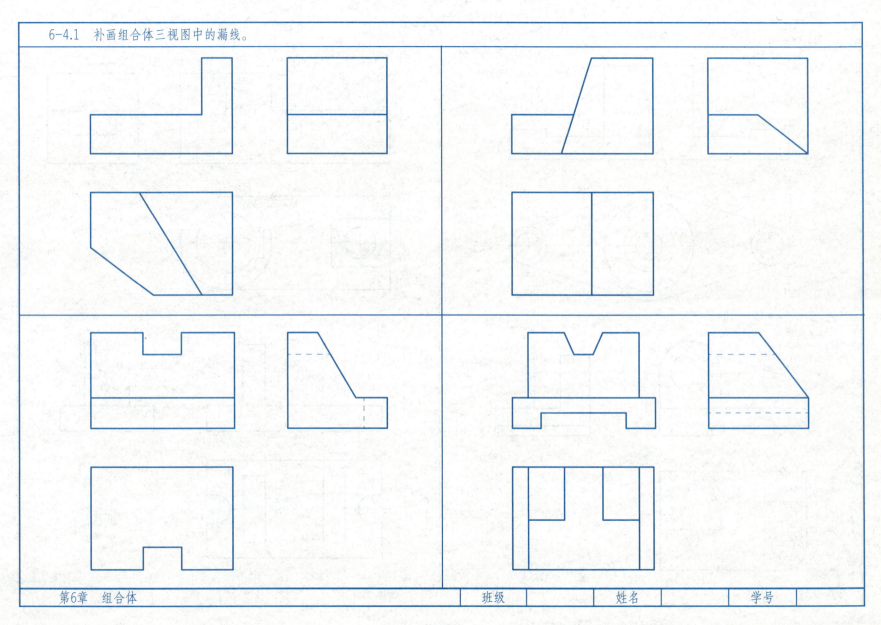

第6章 组合体

| 班级 | | 姓名 | | 学号 | |

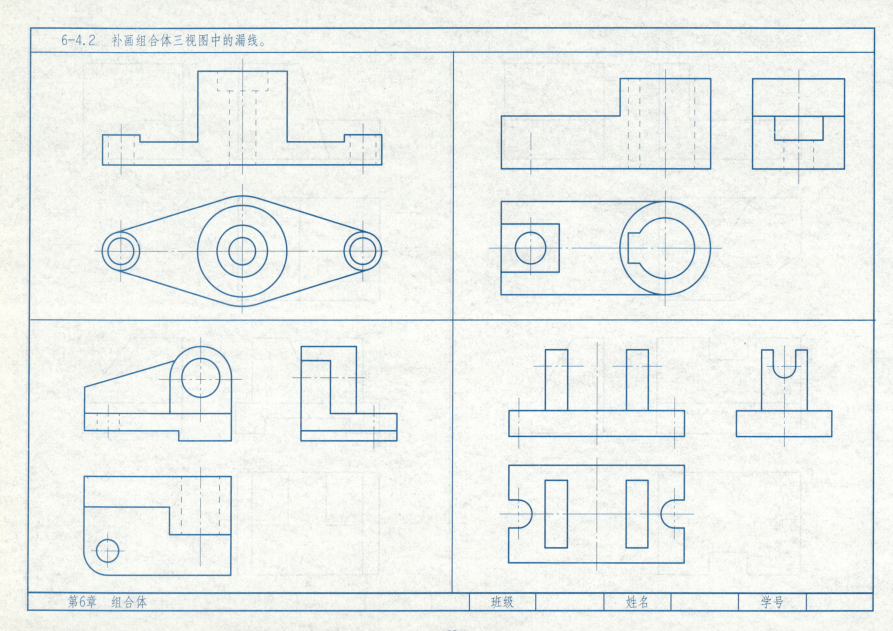

第6章　组合体

班级		姓名		学号	

6-5.1 根据已给视图，构思不同形状的组合体，画出其余视图。

1. (a)

(b)

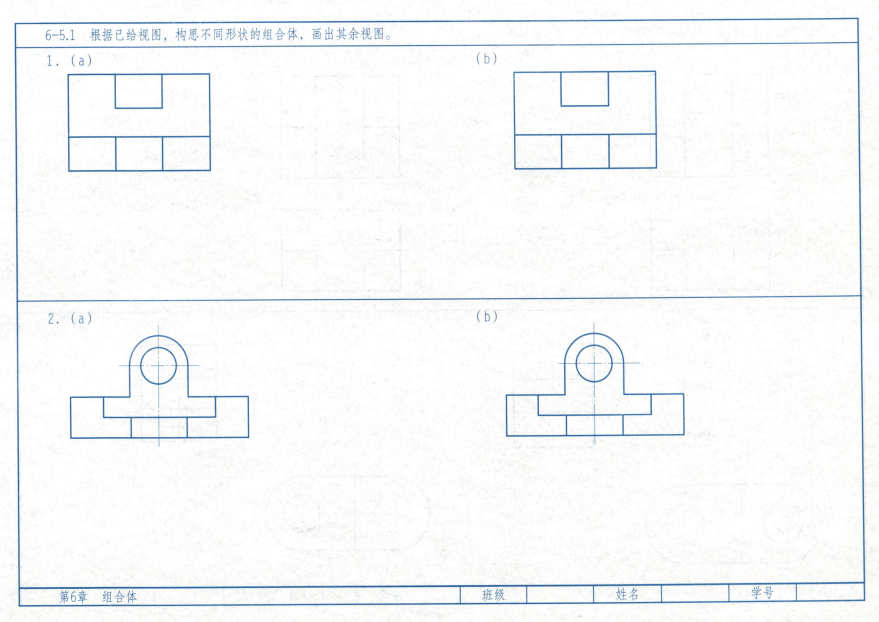

2. (a)

(b)

6-5.2 根据已给视图，构思不同形状的组合体，画出其余视图。

1. （a）　　　　　　　　　　　　　　　　　　（b）

2. （a）　　　　　　　　　　　　　　　　　　（b）

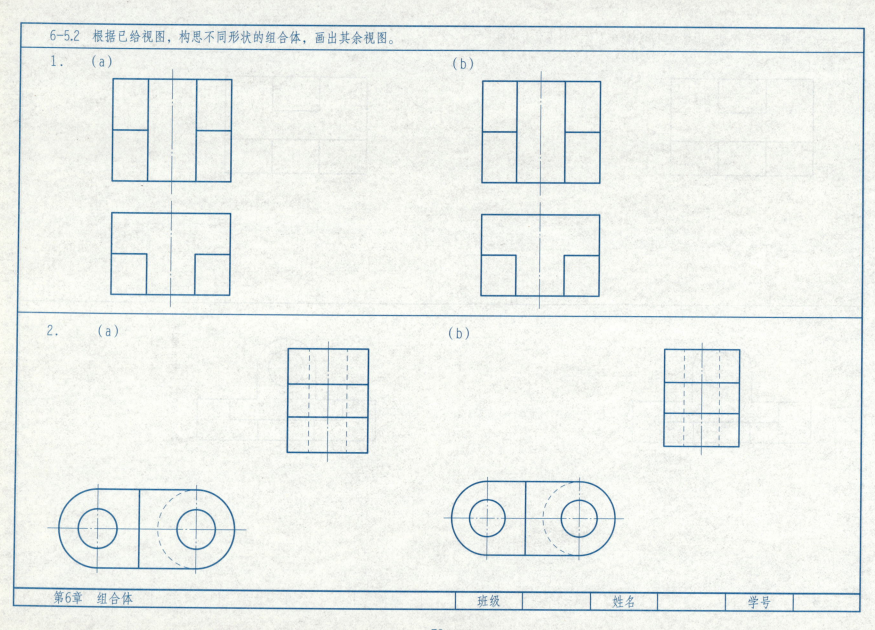

| 第6章　组合体 | | 班级 | | 姓名 | | 学号 | |

6-6.1 根据已给视图，补全第三视图。

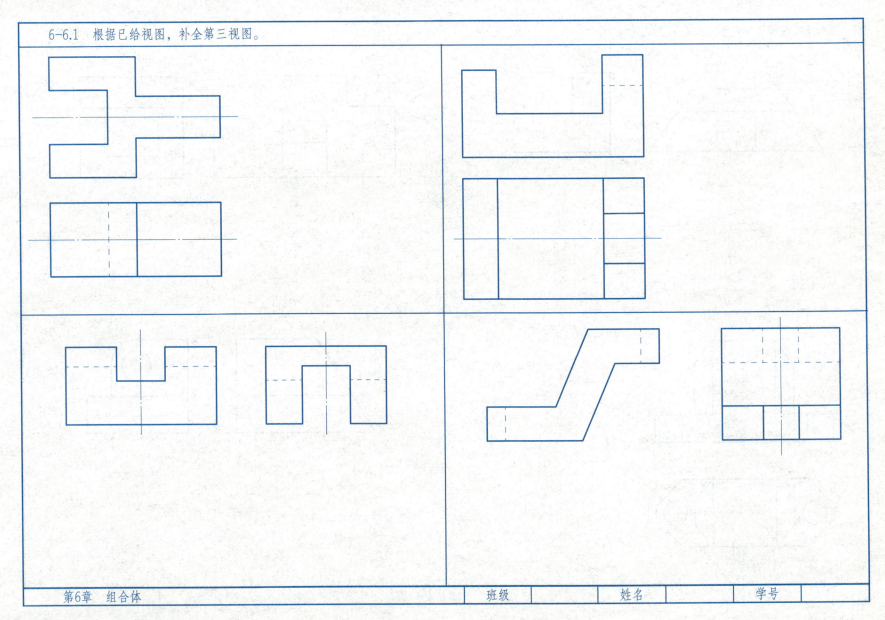

6-6.2 根据已给视图，补全第三视图。

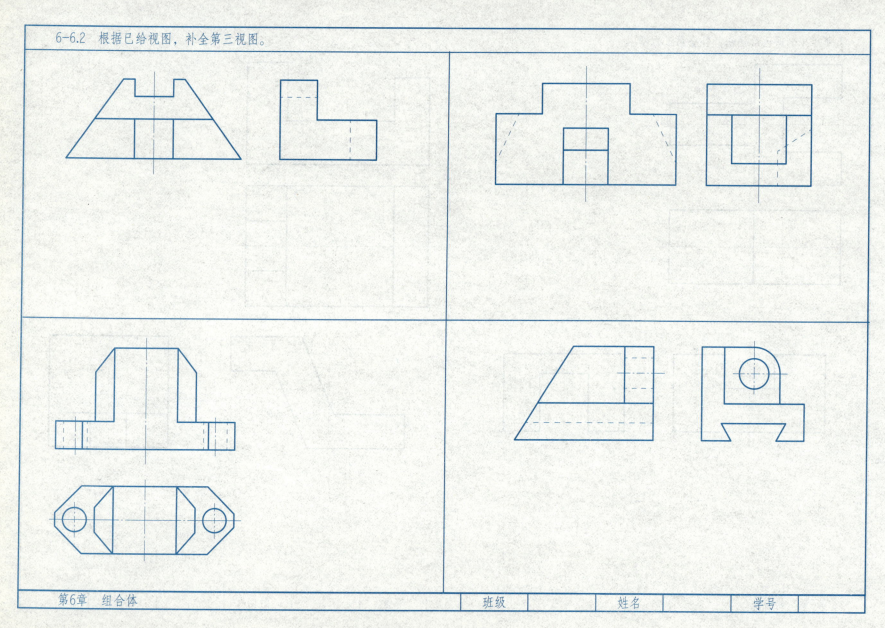

第6章 组合体

班级		姓名		学号	

6-6.3 根据已给视图，补全第三视图。

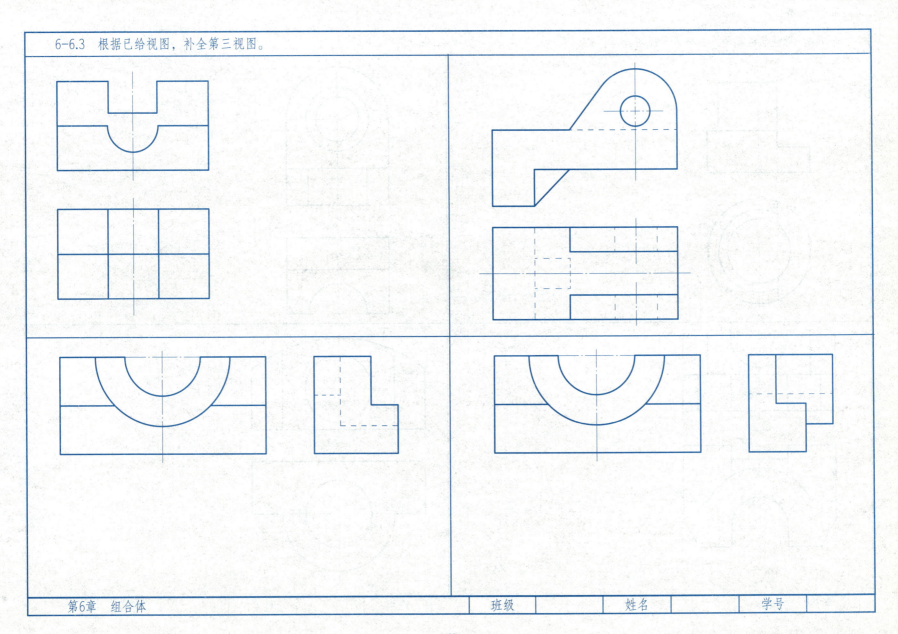

第6章　组合体

班级		姓名		学号	

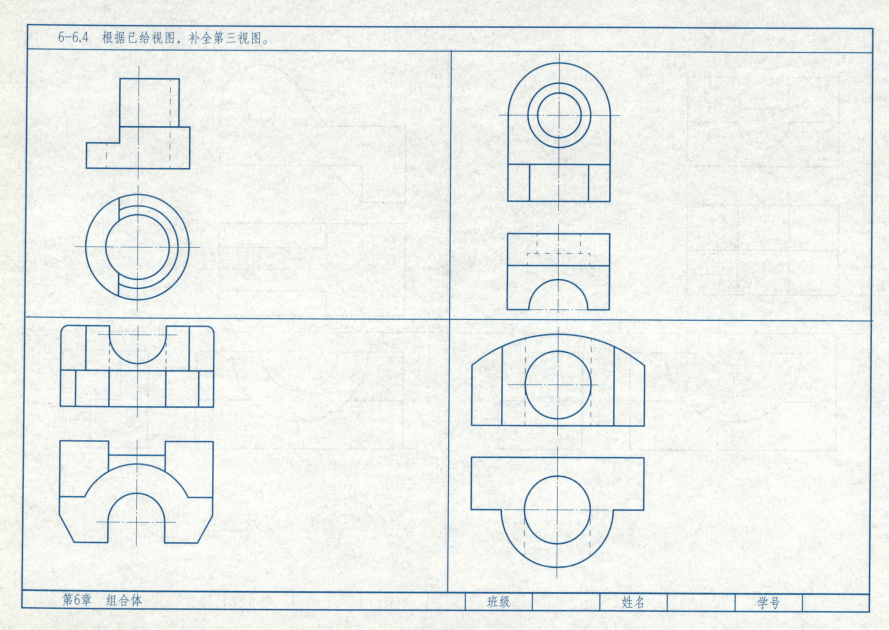

6-6.4 根据已给视图，补全第三视图。

第6章 组合体 | 班级 | | 姓名 | | 学号 |

- 74 -

6-7.1 标注组合体尺寸，按切割过程对组合体尺寸进行标注（尺寸数值从图中量取，取整数，1：1比例标出）。

（1）标注长方体的尺寸（长宽高3个尺寸）。

（2）标注切去左右两个角的尺寸（需要4个尺寸）。

（3）标注切去后部槽的尺寸（需要3个尺寸）。

（4）标注切去前部左侧和下面部分的尺寸（需要3个尺寸）。

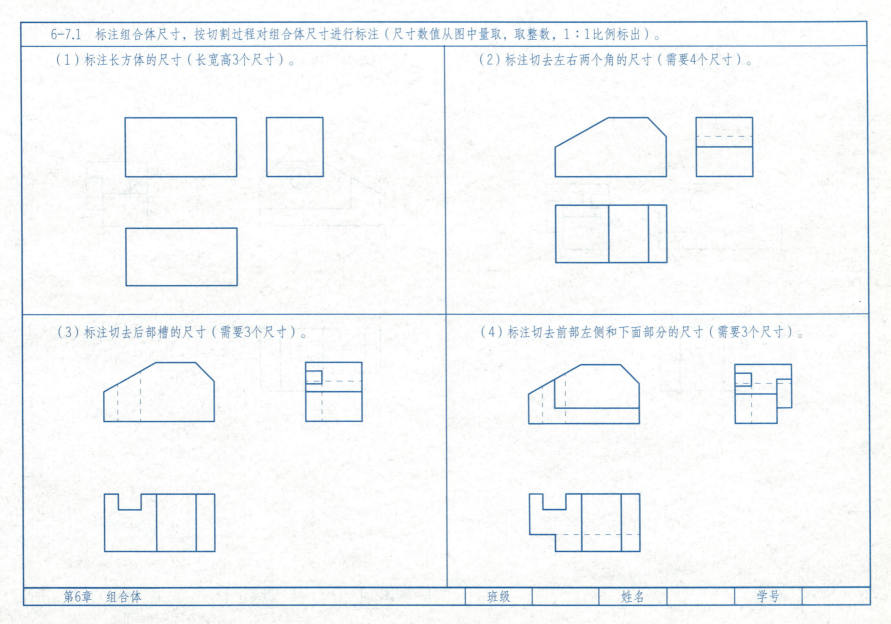

第6章　组合体　　　　班级　　　　姓名　　　　学号

6-7.2 标注组合体尺寸，按切割过程对组合体尺寸进行标注（尺寸数值从图中量取，取整数，1：1比例标出）。

（1）标注中间孔的尺寸（需要3个尺寸）。	（2）调整尺寸位置，完成尺寸标注（需要16个尺寸）。

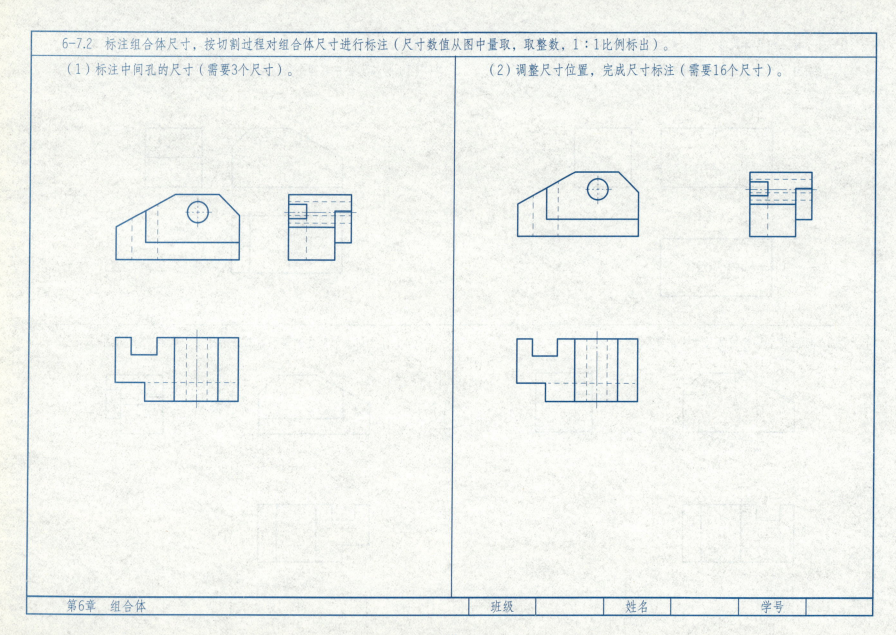

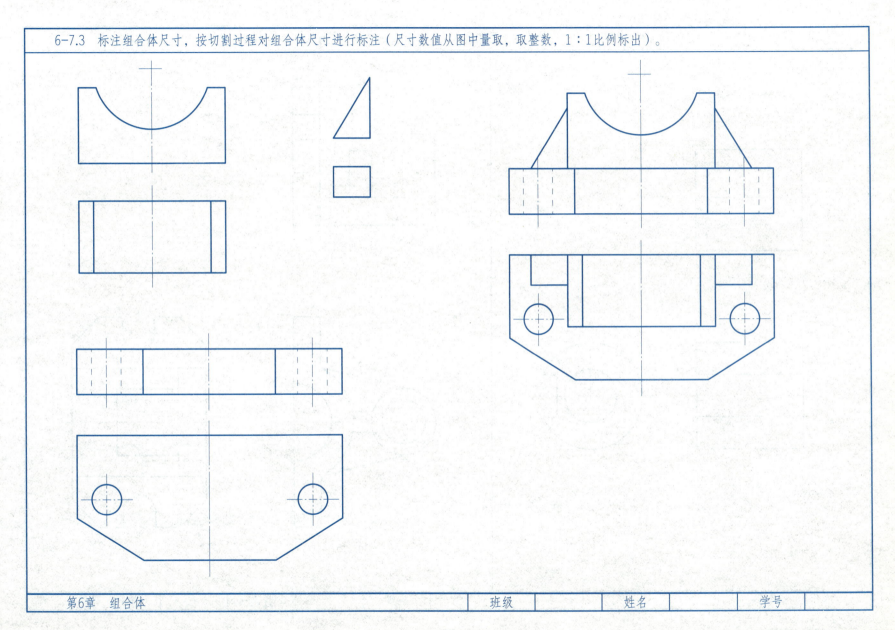

| 第6章　组合体 | | 班级 | | 姓名 | | 学号 | |

6-7.4 标注组合体尺寸，按切割过程对组合体尺寸进行标注（尺寸数值从图中量取，取整数，1：1比例标出）。

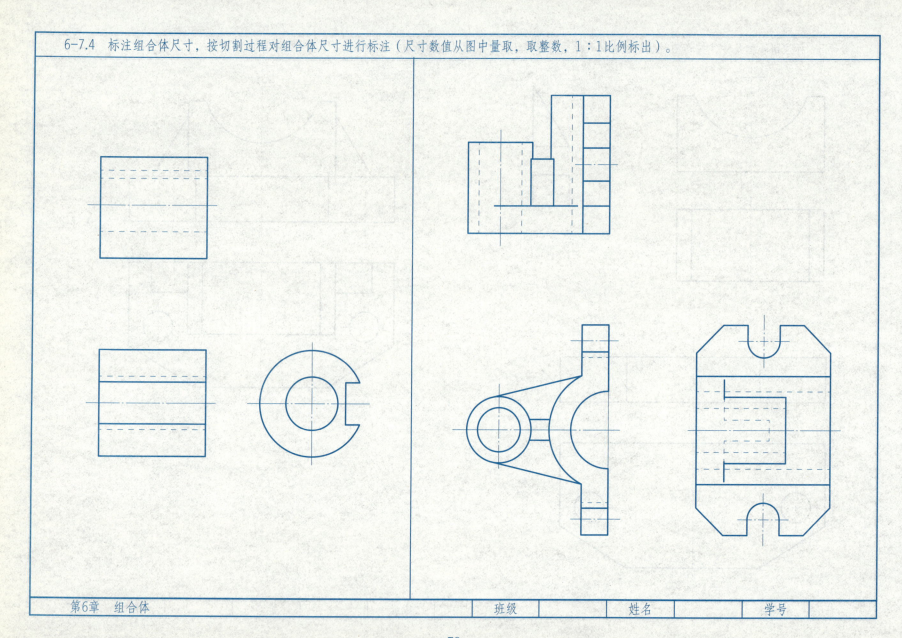

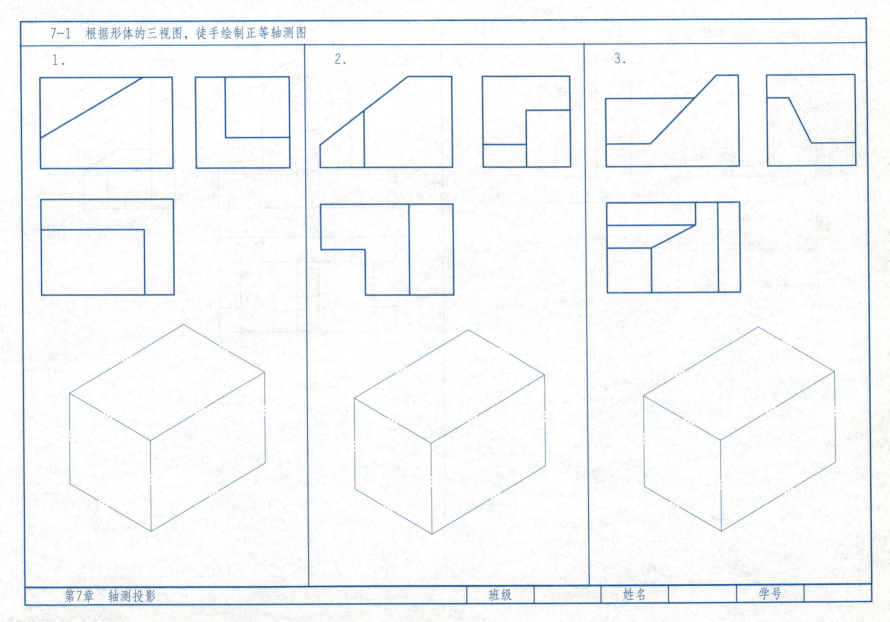

1.

2.

3.

第7章 轴测投影

班级		姓名		学号	

1.

2.

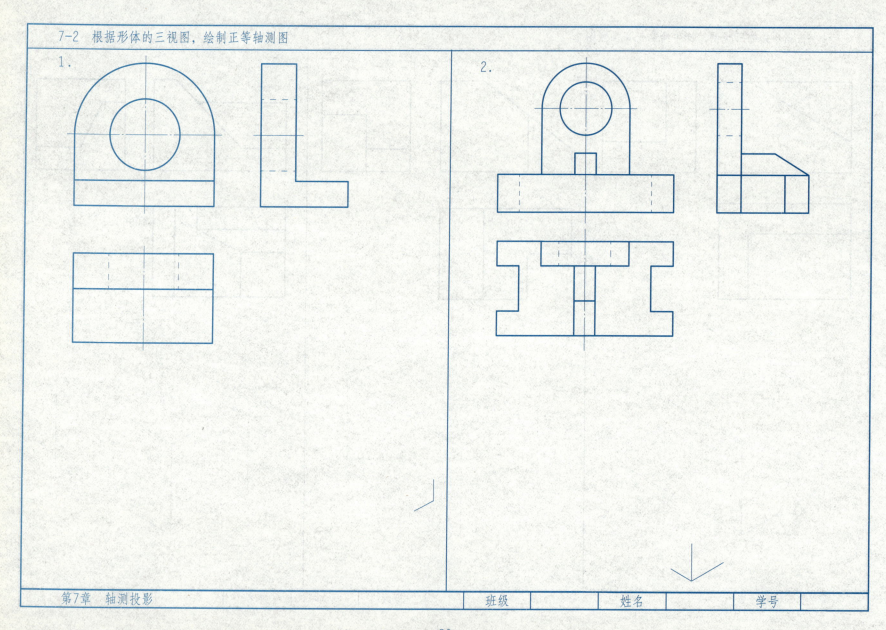

第7章 轴测投影 　　　　班级　　　　　姓名　　　　　学号

1.

2.

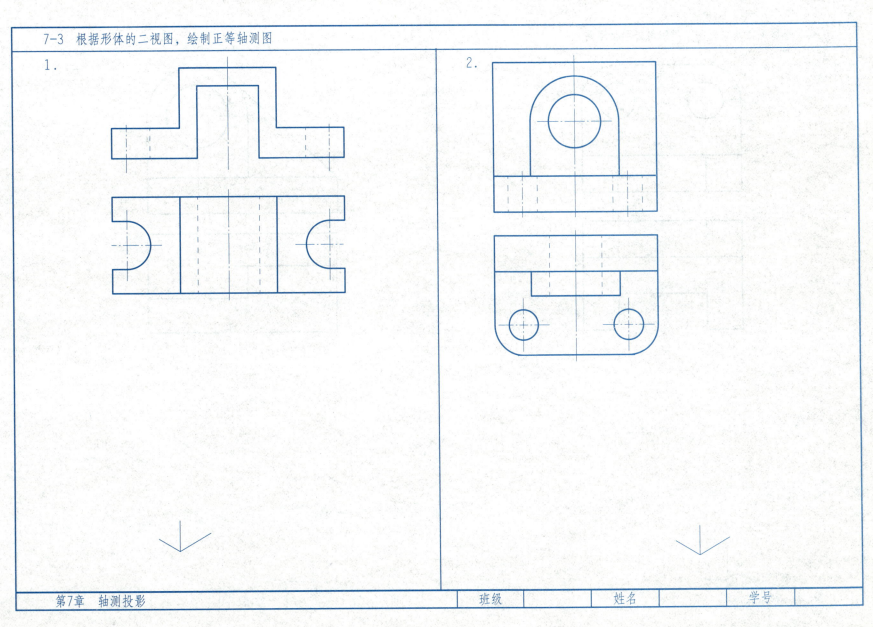

第7章 轴测投影

| 班级 | | 姓名 | | 学号 | |

1.

2.

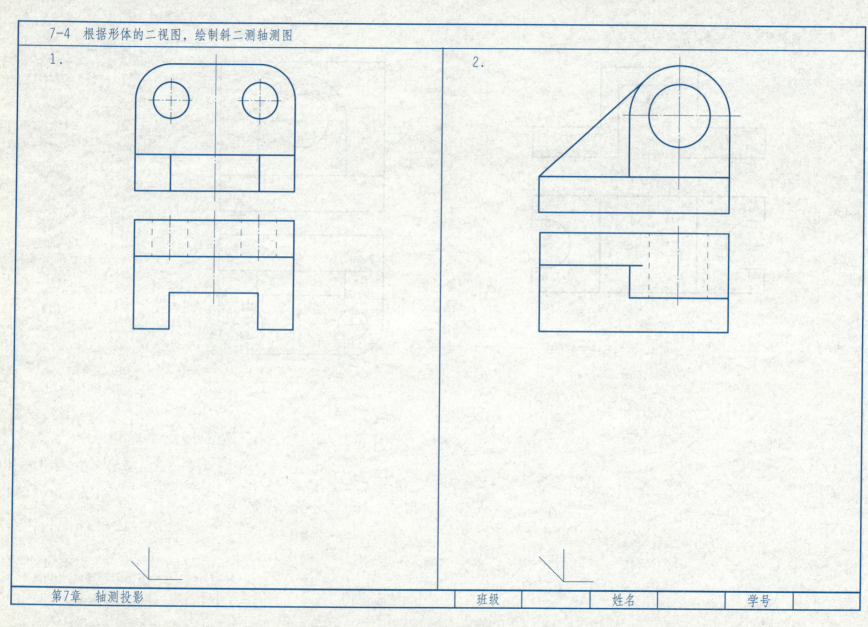

班级		姓名		学号	

1.

2.

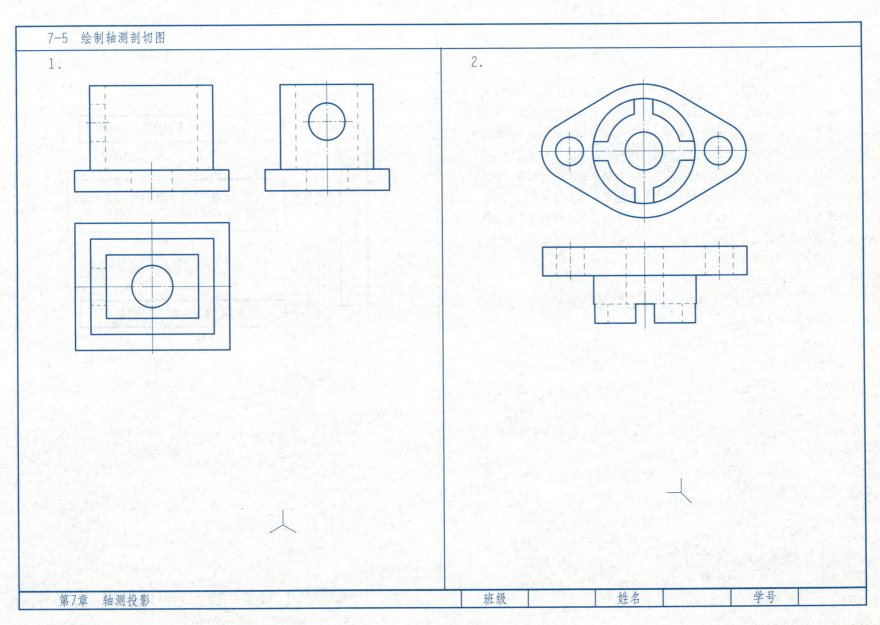

一、内容概要

1. 目的要求

"机件常用的表达方法"是《工程制图》课程的重要组成部分。一个合格的工程技术人员不仅要求能画出被表达的对象，而且要求表达方法恰当、合理、清晰，所以这部分知识是学生必须掌握的内容。这部分习题是针对"机件常用的表达方法"内容选择的具有特点的代表性习题，从机件最常出现的简单基本结构入手，由浅入深、循序渐进，较全面地体现各种表达方法的应用练习。完成习题是对这部分知识掌握情况的检验，也是确保完成好学习任务、达到学习目的的必经之路。

作图步骤如下：

（1）运用形体分析法进行读图。

（2）如果仅需表达外部结构，选择视图（基本视图、局部视图、斜视图等）表达。

（3）如果要表达的是内部结构，选择剖视图（全剖、半剖、局剖及各种剖切方法）表达，剖切面要尽量通过孔和槽的对称面。

（4）如需表示某断面形状，需选择断面图（移出断面、重合断面）。

（5）如果是用原图比例表达不清的结构，要采用局部放大图表达。

（6）对于均匀分布的肋板、轮辐等结构也要注意用规定的作图方法画出。

2. 重点难点

本部分的重点是全剖视图、半剖视图、旋转剖视图的画法；难点是半剖视图的画法。

二、题目类型

```
                ┌─ 视图：基本视图、局部视图、斜视图
   机
   件
   常   ├─ 剖视图：全剖视图、半剖视图、局部剖视图、
   用   │         斜剖视图、阶梯剖视图、旋转剖视图
   的
   表
   达   └─ 断面图：移出断面、重合断面
   方
   法
```

第8章　机件常用的表达方法	班级		姓名		学号	

1. 根据主、俯视图，补画出另外四个基本视图。

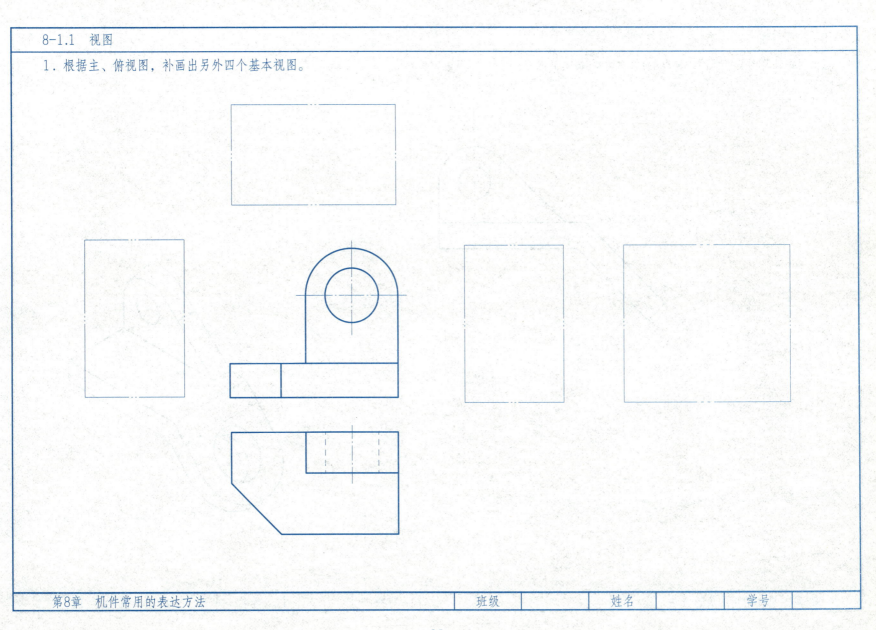

2. 根据轴测图及主视图，画出A向斜视图和B向局部视图。

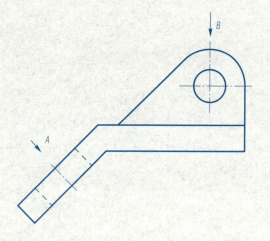

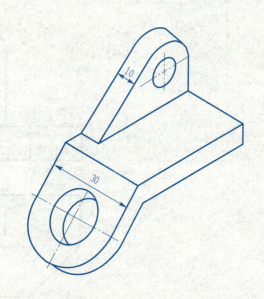

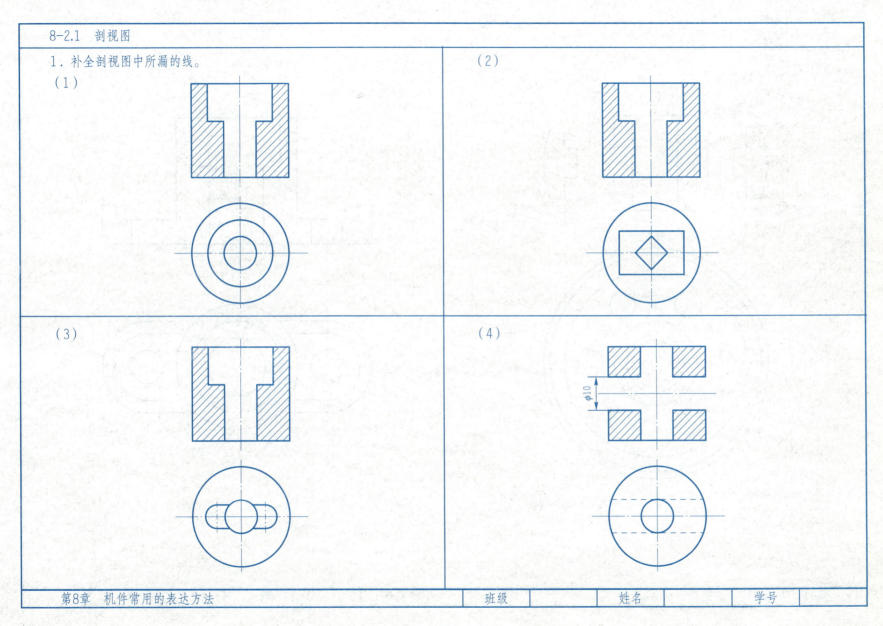

8-2.1 剖视图

1. 补全剖视图中所漏的线。

（1）

（2）

（3）

（4）

$\phi 10$

（5）

（6）

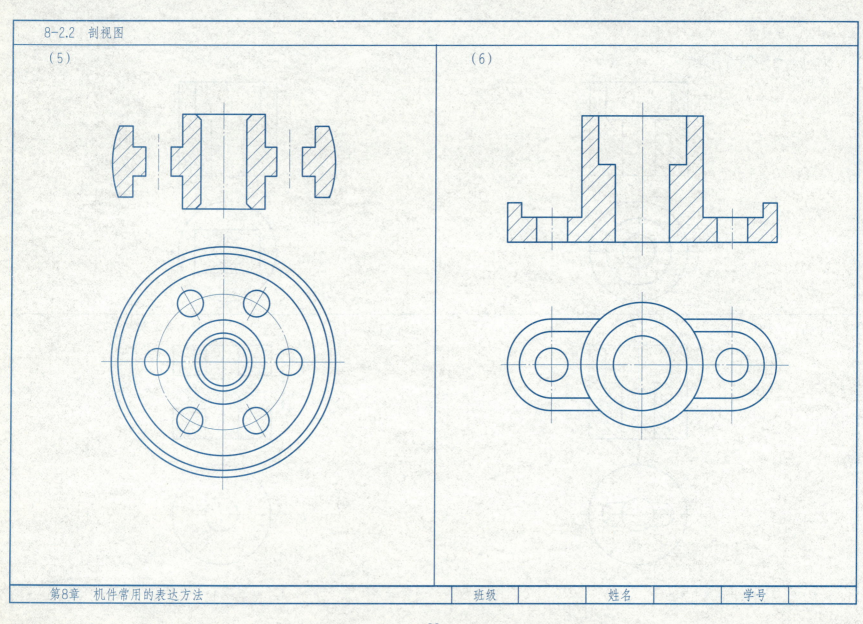

班级		姓名		学号	

2. 在指定位置把主视图改画成全剖视图。

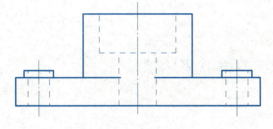

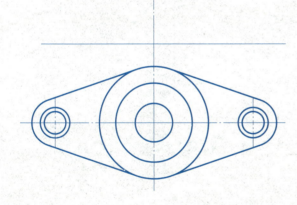

3. 在指定位置把主视图改画成半剖视图并补画全剖左视图。

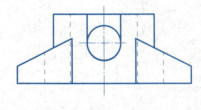

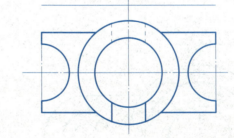

| 第8章 机件常用的表达方法 | 班级 | | 姓名 | | 学号 | |

4. 在指定位置把主视图改画成半剖视图并补画全剖左视图。

| 第8章 机件常用的表达方法 | | 班级 | | 姓名 | | 学号 | |

5. 在指定位置把主、俯视图改画成半剖视图。

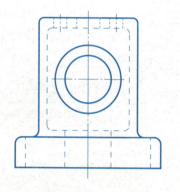

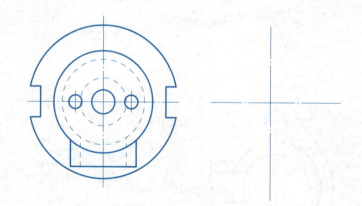

6. 在指定位置把主视图改画成全剖视图、左视图画成半剖视图。

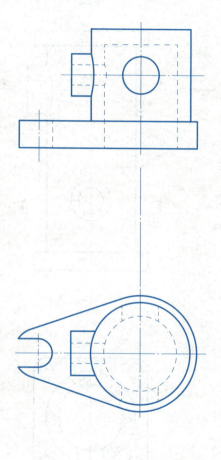

第8章 机件常用的表达方法	班级		姓名		学号	

7. 作C-C剖视图。

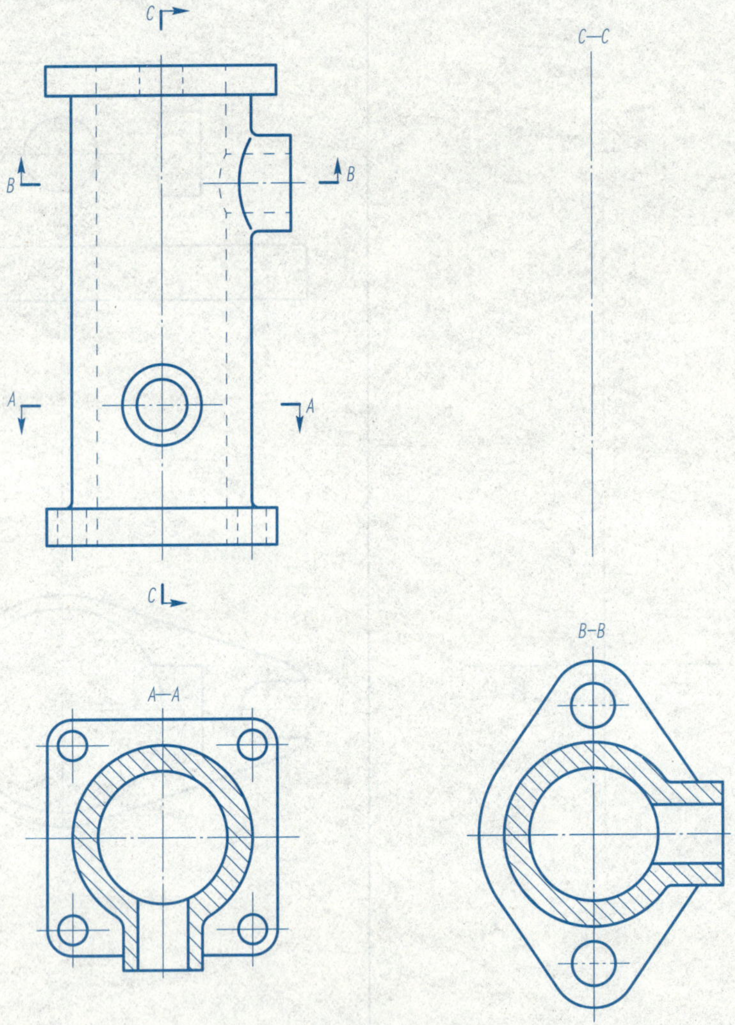

C-C

A-A

B-B

8. 在指定位置把主视图改画成剖视图。

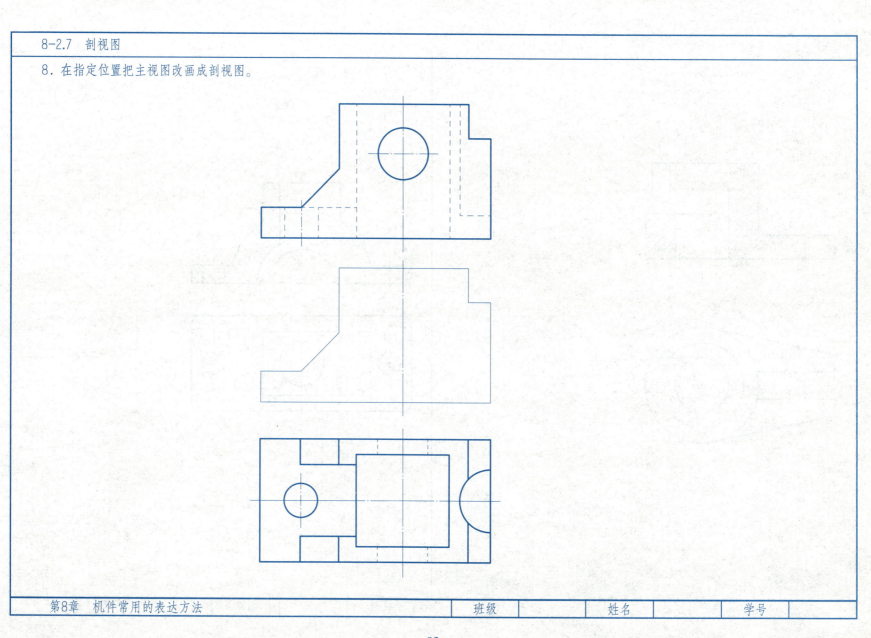

9. 补画A-A半剖左视图。

10. 补画半剖的左视图。

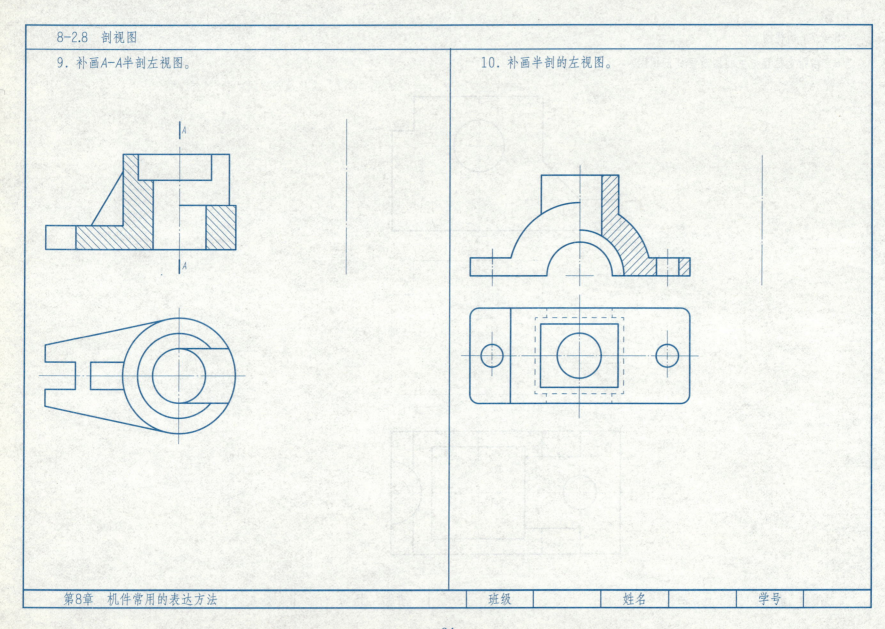

11. 作A—A剖视图。

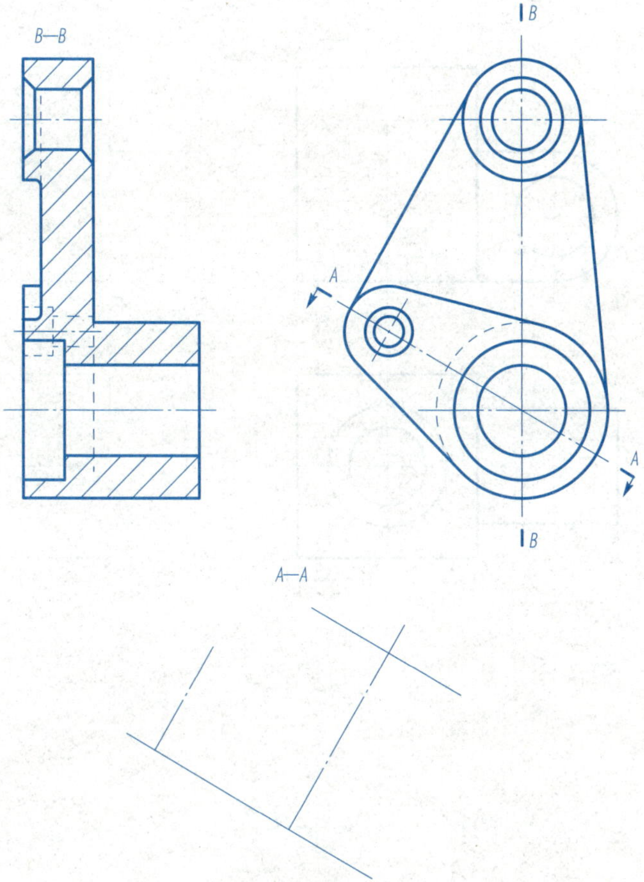

B—B

B

A

A

B

A—A

12. 分析图中错误，做出正确剖视图。

13. 把主、俯视图改画成局部剖视图。

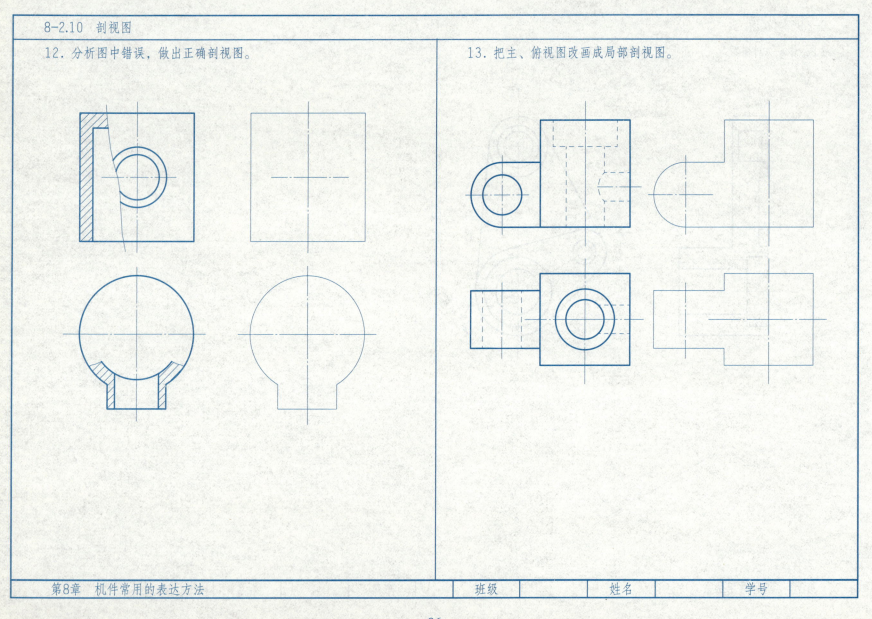

14. 把主视图、俯视图画成局部剖视图。

15. 把主视图改画成阶梯剖视图。

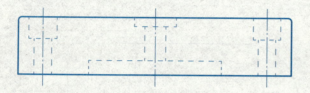

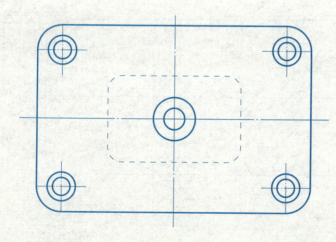

16. 把主视图改画成旋转剖视图。

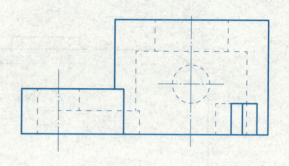

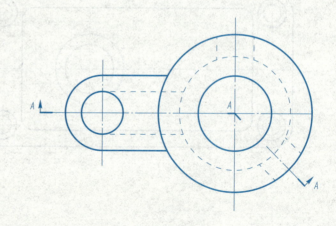

第8章　机件常用的表达方法		班级		姓名		学号	

1. 图示正确的断面图是（　　）。

2. 在两个相交剖切平面迹线的延长线上画出移出断面图。

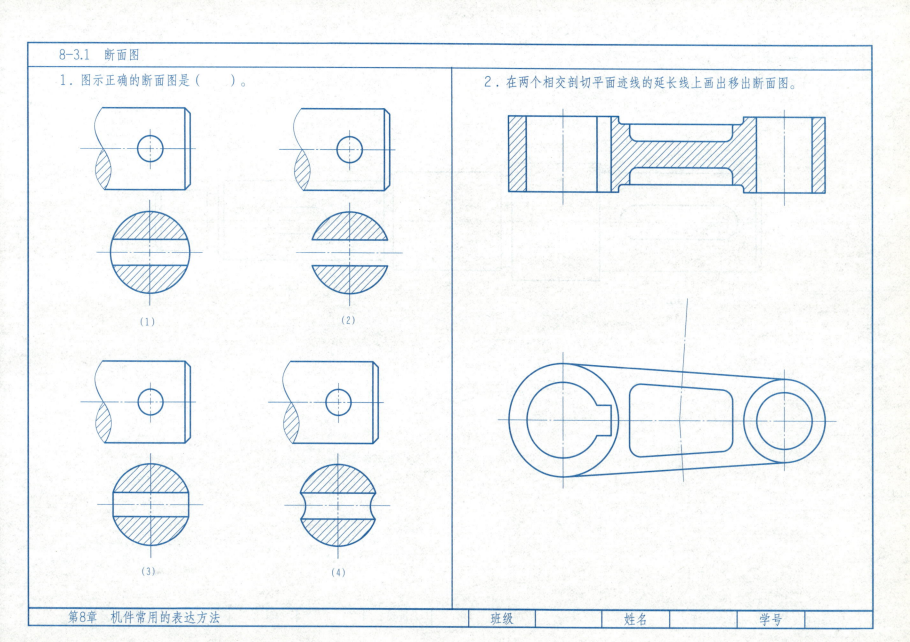

(1)

(2)

(3)

(4)

3. 画出指定的断面图（左面键槽深4 mm，右面键槽深3 mm）。

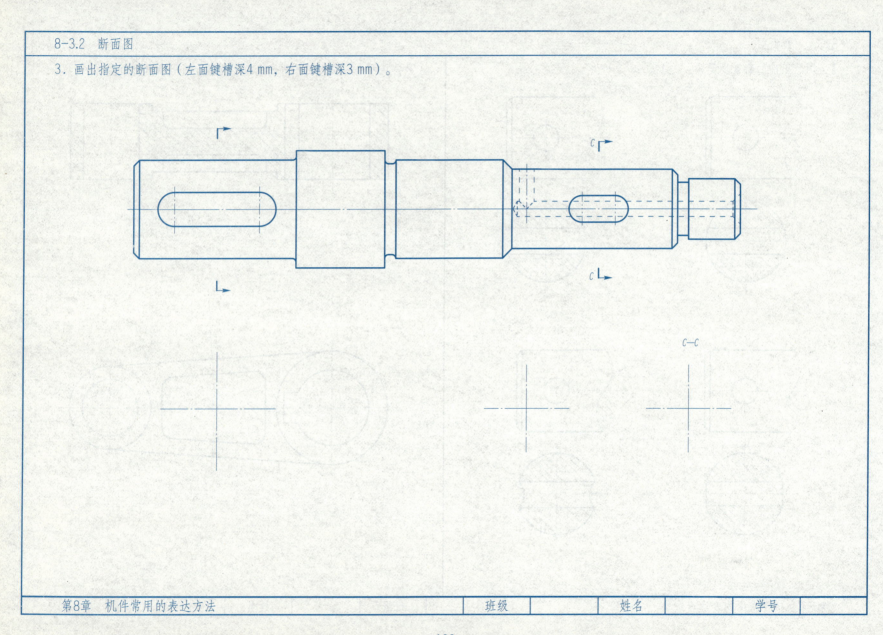

| 第8章 机件常用的表达方法 | 班级 | | 姓名 | | 学号 | |

一、内容概要	二、题目类型

一、内容概要

1. 目的要求

零件图是生产和检验零件所依据的图样，是生产中的重要技术文件。通过本章的学习，应了解零件图的视图表达及尺寸注法，明确零件图在制造和检验时应达到的技术要求以及零件上的常见工艺结构，熟练掌握读零件图的方法和步骤。

（1）读零件图的方法和步骤：

①概况了解；

②视图分析；

③形体分析；

④尺寸分析；

⑤技术要求分析。

在设计和制造零件的过程中，都涉及读零件图的问题，因此工程技术人员必须具备读零件图的能力。读零件图的目的是根据已给的零件图想象出零件的结构形状，弄清零件各部分尺寸、技术要求等内容。

（2）在读图中必须注意：应把读懂零件的结构形状、尺寸标注和技术要求等内容综合起来，才能比较全面地读懂零件图。对于复杂的零件图，还需参考有关的技术资料，包括零件所在的部件装配图及其他相关零件图。

2. 重点难点

（1）零件的视图表达和尺寸注法；

（2）表面结构要求、尺寸公差和几何公差的标注方法；

（3）读零件图的方法和步骤。

二、题目类型

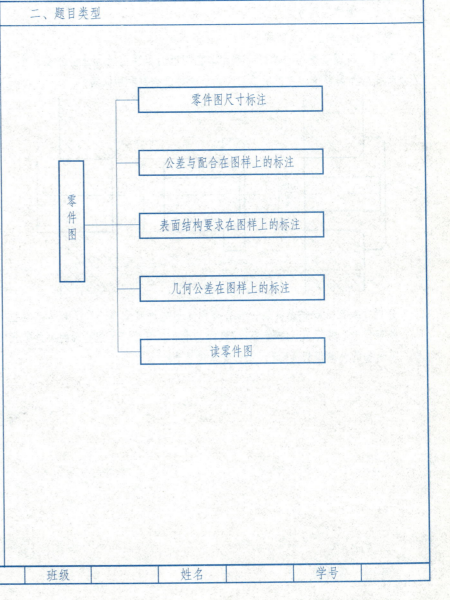

零件图
- 零件图尺寸标注
- 公差与配合在图样上的标注
- 表面结构要求在图样上的标注
- 几何公差在图样上的标注
- 读零件图

第9章　零件图	班级		姓名		学号	

例1 公差与配合在图样上的标注问题示例

题目 根据装配图中的配合尺寸，在相应的零件图上标注出公称尺寸、公差带代号和偏差值，并说明该配合属于哪种配合制和配合类别。

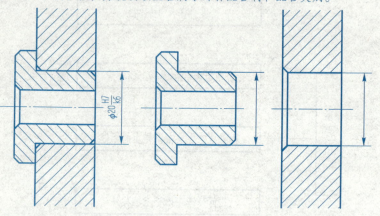

分析 $\phi20H7/k6$是基孔制，配合类别为优先过渡配合。分子H7是基准孔的公差带代号，表示孔为公差等级7级的基准孔；分母k6是配合轴的公差带代号，表示轴的公差等级为6级，基本偏差代号为k。

解题步骤

（1）$\phi20H7$基准孔的极限偏差，可以在教材附表5查得。在表中由公称尺寸大于18至24行和公差带为H7的列相交处查得$^{+21}_{0}$ μm，这就是基准孔的上、下极限偏差值，所以$\phi20H7$可写作$\phi20^{+0.021}_{0}$。

（2）$\phi20k6$为配合轴的极限偏差，可由教材附表4查得。在公称尺寸大于18至24行和公差带k6的列相交处查得$^{+15}_{+2}$ μm，即配合轴的上、下极限偏差值，所以$\phi20k6$可写作$\phi20^{+0.015}_{+0.002}$。

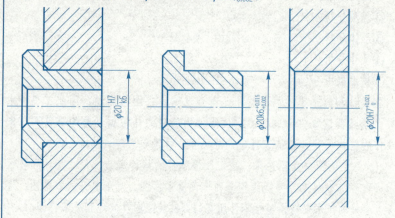

该配合属于基孔制配合，配合类别为优先过渡配合。

三、示例及解题方法

例2 读零件图示例

题目 读托架零件图，回答下列问题，并补画D—D剖视图（按投影大小绘制）。

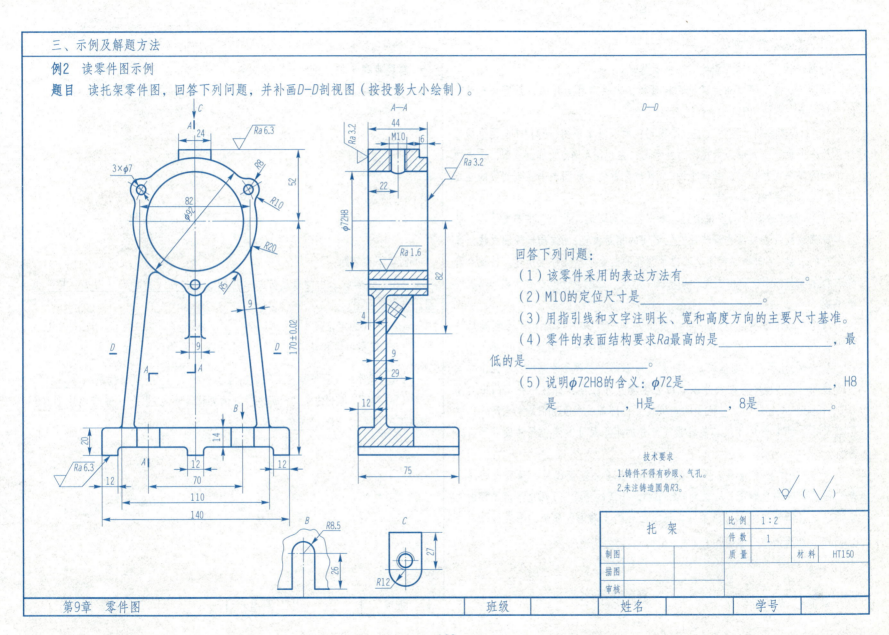

回答下列问题：

（1）该零件采用的表达方法有＿＿＿＿＿＿＿＿＿＿。

（2）M10的定位尺寸是＿＿＿＿＿＿＿＿＿＿。

（3）用指引线和文字注明长、宽和高度方向的主要尺寸基准。

（4）零件的表面结构要求Ra最高的是＿＿＿＿＿＿＿＿，最

低的是＿＿＿＿＿＿＿＿。

（5）说明ϕ72H8的含义：ϕ72是＿＿＿＿＿＿＿＿＿，H8

是＿＿＿＿＿，H是＿＿＿＿＿，8是＿＿＿＿＿。

技术要求

1.铸件不得有砂眼、气孔。

2.未注铸造圆角R3。

托 架		比例	1:2
		件数	1
制图		质量	材料 HT150
描图			
审核			

第9章 零件图	班级	姓名	学号

分析　读托架的零件图的方法和步骤如下：

（1）概括了解。通过读标题栏可知，零件名称为托架，是用来支承轴的，材料为灰铸铁（HT150），比例为1∶2。

（2）视图分析。图中共有五个图形：两个基本视图、B向和C向两个局部视图及一个重合断面图。主视图为外形图；左视图A—A为阶梯剖视图，是用两个平行的侧平面剖切的；局部视图C是移位配置的；断面图画在剖切线的延长线上，表示肋板的剖面形状。

（3）形体分析。从主视图可以看出上部的圆筒、凸台、中部支承板、肋板和下部底板的主要结构形状及它们之间的相对位置；B向局部视图反映了底板上孔的形状，C向局部视图反映出带螺孔的凸台形状。综上所述，再配合阶梯剖的左视图，则托架由圆筒、支承板、肋板、底板及油孔凸台组成的情况就很清楚了。

（4）尺寸分析。从图中可以看出，其长度方向以对称面为主要尺寸基准，标注出安装槽的定位尺寸70，还有自上而下标注的尺寸24、82、9、12、110和140等；宽度方向尺寸以圆筒后端面为主要尺寸基准，标注出支承板定位尺寸4；高度方向尺寸以底板为主要尺寸基准，标注出托架的中心高170±0.02，这是影响工作性能的定位尺寸，圆筒孔径ϕ72H8是配合尺寸，它们都是托架的主要尺寸。其他各组成部分的定形尺寸和定位尺寸读者可自行分析。

（5）技术要求分析。圆筒孔径ϕ72注出了公差带代号，轴孔表面属于配合面，精度要求较高，Ra值为1.6 μm，托架的中心高170也给出了极限偏差值，这些指标在加工时应予以保证。凸台的上端面和底板的下表面Ra值为6.3 μm，圆筒的前后端面Ra值为3.2 μm，其余为铸造表面▽。

解题步骤（见分析过程，略。）

回答下列问题：

（1）该零件采用的表达方法有 视图、剖视图（阶梯剖视图）、局部视图、重合断面图 。

（2）M10的定位尺寸是 ＿＿22＿＿ 。

（3）用指引线和文字注明长、宽和高度方向的主要尺寸基准。

（4）零件的表面结构要求Ra最高的是 ＿$\sqrt{}^{Ra\,1.6}$＿ ，最低的是 ＿$\sqrt{}$＿ 。

（5）说明ϕ72H8的含义：ϕ72是 孔的公称尺寸 ，H8是 公差带代号 ，H是 基本偏差代号 ，8是 公差等级代号 。

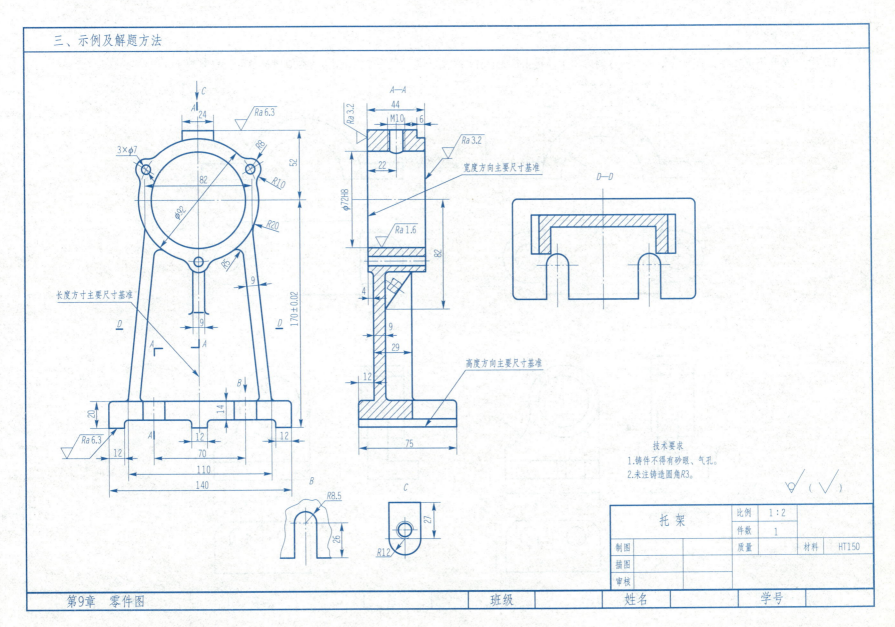

技术要求
1.铸件不得有砂眼、气孔。
2.未注铸造圆角R3。

托 架	比例	1：2		
	件数	1		
制图		质量		材料	HT150
描图				
审核				

第9章 零件图		班级		姓名		学号	

1. 找出左侧图中在标注方面的错误，在右侧的图中作出正确的标注，并补全漏注的尺寸（按1∶1在原图上量取，取整数）。

（1）

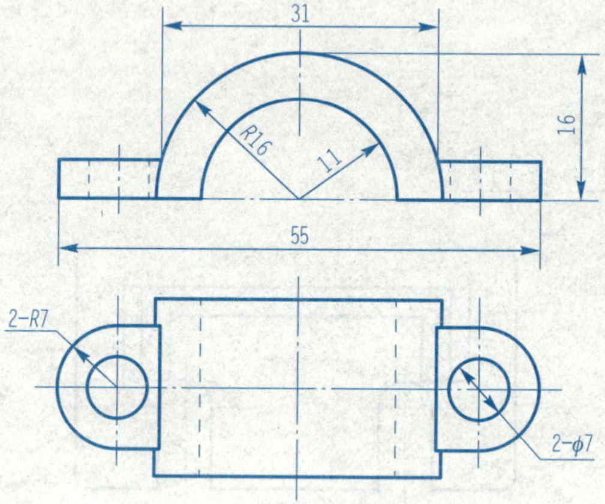

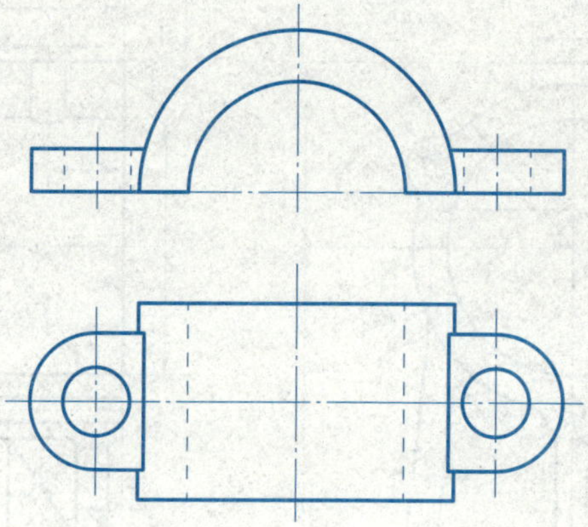

（2）

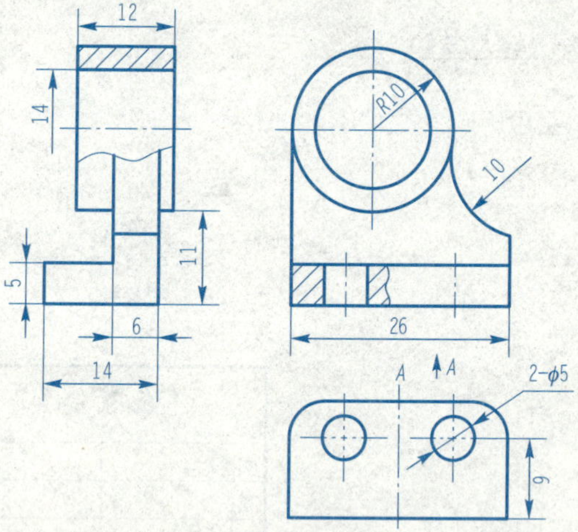

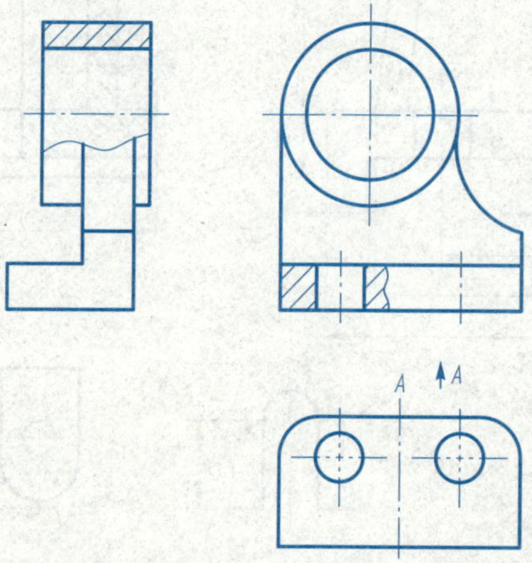

1. 根据装配图中的配合代号，在相应的零件图上标注出公差代号和偏差值，并回答问题。

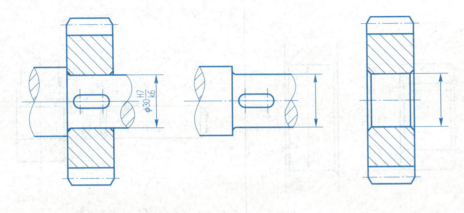

该配合的基准制_____，配合种类_____。

2. 根据图中的标注，将有关数值填入表中。

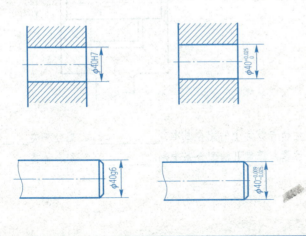

尺寸名称	数值/mm	
	孔	轴
公称尺寸		
公差带代号		
最大极限尺寸		
最小极限尺寸		
上极限偏差		
下极限偏差		
公差		

1. 根据零件图的孔、轴公差带代号，分别在装配图上注出配合代号。

2. 根据各零件的公差带代号，分别在装配图上注出配合代号，并说明属于哪种基准制和配合种类。

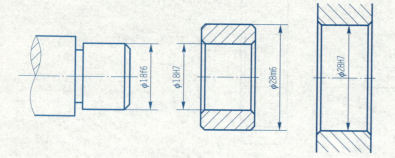

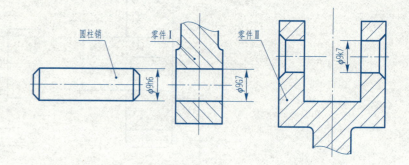

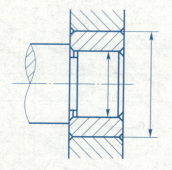

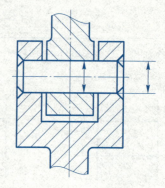

圆柱销与零件 I 的配合基准制_____，配合种类_____；

圆柱销与零件 II 的配合基准制_____，配合种类_____。

9-3 表面结构要求在图样上的标注

1. 已知小轴的表面加工要求如下，试标注表面结构要求代号。

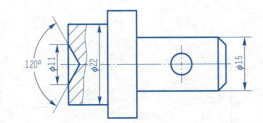

$\phi 22$和$\phi 15$圆柱表面 $\sqrt{Ra\,3.2}$ ，右端面 $\sqrt{Ra\,12.5}$ 。

120° 内锥面 $\sqrt{Ra\,1.6}$ ，其余 $\sqrt{Ra\,6.3}$ 。

2. 已知支座的表面加工要求如下，试标注表面结构要求代号。

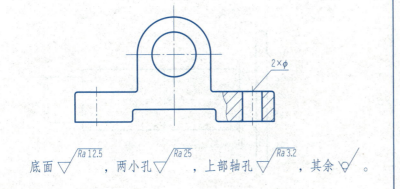

底面 $\sqrt{Ra\,12.5}$ ，两小孔 $\sqrt{Ra\,25}$ ，上部轴孔 $\sqrt{Ra\,3.2}$ ，其余 $\sqrt{}$ 。

3. 找出下面图（1）中表面结构要求代号在标注方面的错误，并在图（2）中作出正确的标注。

（1）

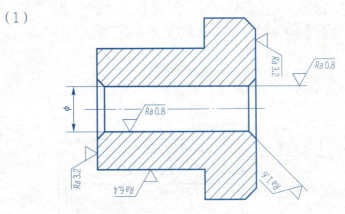

（2）

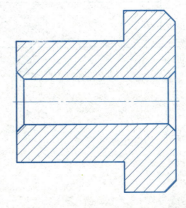

1．根据文字说明，在图中标注几何公差的符号和代号。

（1）ϕ45g6的圆柱度公差为0.03 mm。

（2）ϕ45g6的轴线对ϕ22H7轴线的同轴度公差为ϕ0.05 mm。

（3）右端面对ϕ22H7轴线的垂直度公差为0.15 mm。

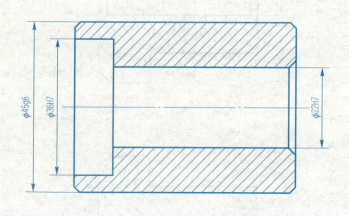

2．分析图（1）中几何公差的标注错误，在图（2）中作出正确标注。

（1）

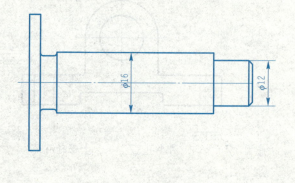

（2）

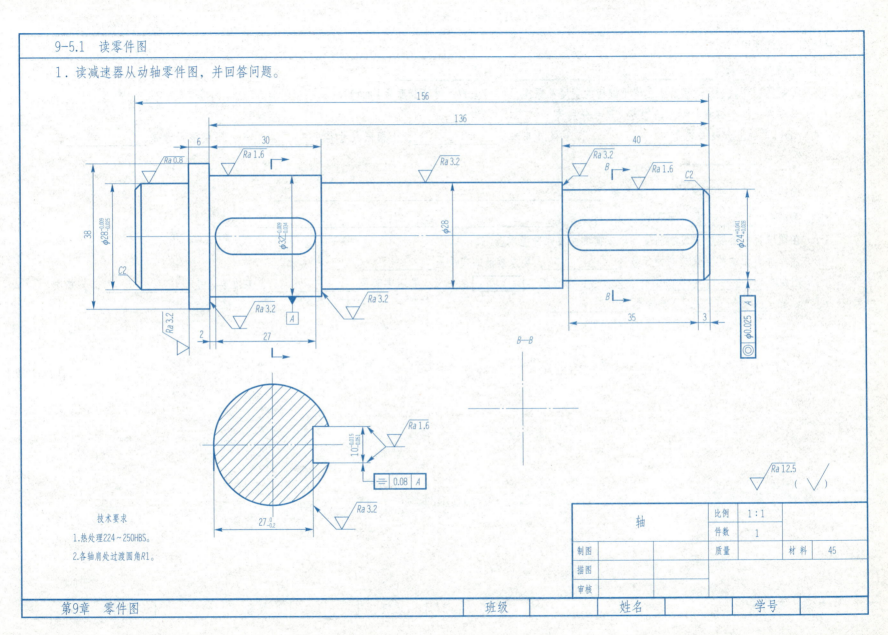

（1）该零件的名称是＿＿＿＿＿＿，材料是＿＿＿＿＿＿，比例是＿＿＿＿＿＿。

（2）补画图中所缺的$B-B$移出断面图（键槽的宽度在原图上1：1量取，键槽深度为4mm）。

（3）该零件上两个键槽长度方向的定位尺寸分别为＿＿＿＿＿＿和＿＿＿＿＿＿。

（4）$\phi28_{-0.025}^{-0.009}$的上极限偏差是＿＿＿＿＿＿，下极限偏差是＿＿＿＿＿＿，上极限尺寸是＿＿＿＿＿＿，下极限尺寸是＿＿＿＿＿＿，公差是＿＿＿＿＿＿。

（5）说明表面结构要求的 $\sqrt{}$ ${}^{Ra\,3.2}$ 含义是＿＿＿＿＿＿＿＿＿＿＿＿＿＿＿＿＿＿＿＿＿。

（6）图中有＿＿＿＿＿＿处倒角，其尺寸分别是＿＿＿＿＿＿＿＿＿＿＿＿＿＿＿＿＿＿。

（7）在图中标出长度、宽度和高度三个方向的主要尺寸基准。

（8）该零件表面结构要求最高的代号是＿＿＿＿＿＿，要求最低的代号是＿＿＿＿＿＿。

（9）图中有＿＿＿＿＿＿处几何公差代号，解释框格 $\boxed{\equiv\ |\ 0.08\ |\ A}$ 的含义：被测要素是＿＿＿＿＿＿，基准要素是＿＿＿＿＿＿，公差项目是＿＿＿＿＿＿，公差值是＿＿＿＿＿＿。

2. 读端盖零件图，补画右视图，并回答下列问题。

A—A

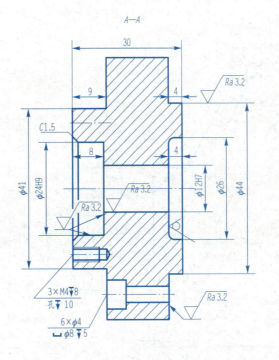

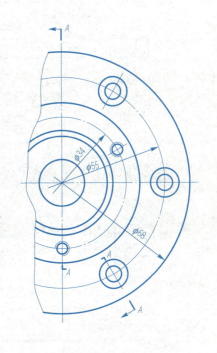

（1）零件的名称_____，材料_____，比例_____。

（2）在图中用指引线指出零件长度和高度方向的主要尺寸基准。

（3）图中尺寸 $\frac{3\times M4\blacktriangledown8}{孔\blacktriangledown10}$ 的含义是_____。

（4）零件左端面的表面结构要求是_____，右端面的表面结构要求是_____。

（5）图中6个沉孔的定位尺寸是_____，3个螺纹孔的定位尺寸是_____。

（6）查表并写出 $\phi12H7$ 的极限偏差值_____。

技术要求

1.铸件不得有砂眼、裂纹。

2.锐边倒角C1。

端　盖		比例	1:1
		件数	1
制图		质量	
描图			材料　HT150
审核			

3. 读托架零件图，并回答下列问题。

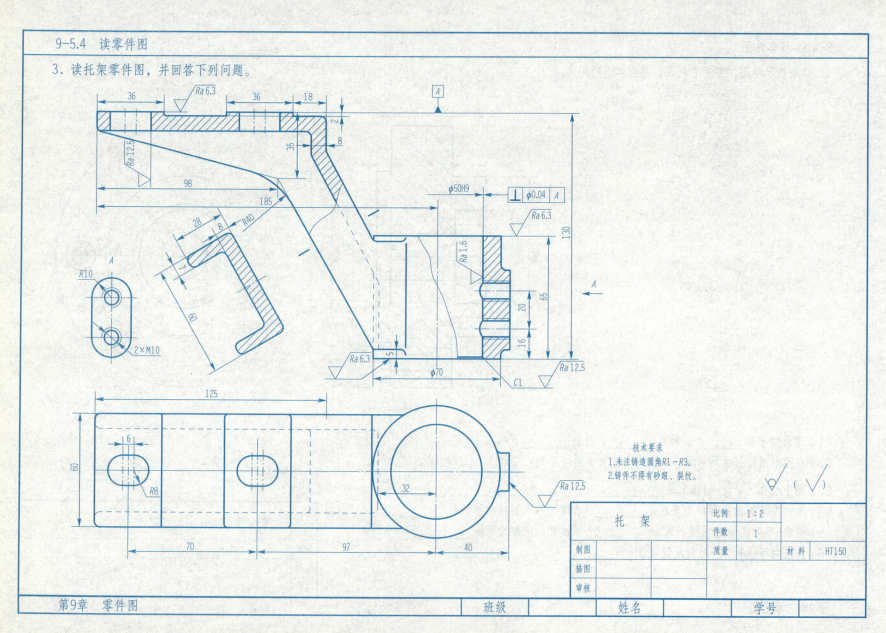

技术要求
1.未注铸造圆角R1~R3。
2.铸件不得有砂眼、裂纹。

托　架	比例	1：2		
	件数	1		
制图		质量		材料	HT150
描图					
审核					

9-5.5 读零件图

(1) 零件的名称__________，材料__________，比例__________。

(2) 按1:2比例，补画左视图。

(3) 在图中用指引线指出零件长度、宽度和高度方向的主要尺寸基准。

(4) 该零件图采用了______________________________等表达方法。

(5) 2×M10的定位尺寸是______________________________。

(6) 说明ϕ50H9的含义：ϕ50是__________，H9__________，

H是__________，9是__________。

(7) 解释框格 | ⊥ | ϕ0.04 | A | 的含义：被测要素是______________________________，

基准要素是______________________________，

公差项目是______________________________，

公差值是______________________________。

(8) 该零件表面结构要求最高的代号是__________，表面结构要求最低的代号是__________。

4．读阀体零件图，并回答下列问题。

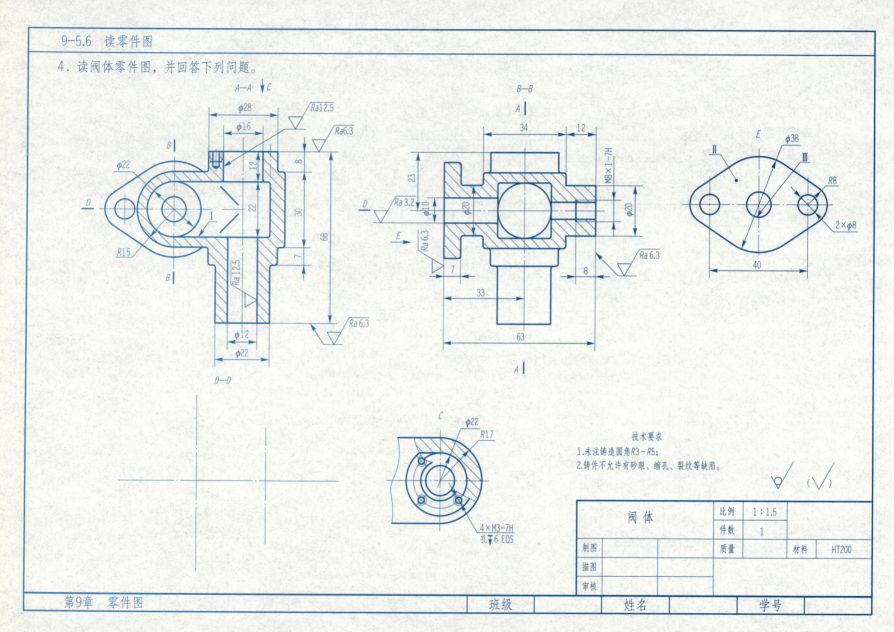

技术要求
1．未注铸造圆角R3～R5；
2．铸件不允许有砂眼、缩孔、裂纹等缺陷。

阀 体		比例	1：1.5		
		件数	1		
制图		质量		材料	HT200
描图					
审核					

（1）零件的名称_____，材料_____，比例_____，该零件属于_____类零件。

（2）在指定位置画$D-D$剖视图（尺寸在原图上按1：1比例直接量取）。

（3）在图中用指引线指出长度、宽度和高度方向的主要尺寸基准。

（4）该零件图采用了_____等表达方法。

（5）Ⅰ、Ⅱ、Ⅲ三个表面的表面结构要求分别是_____。

（6）说明M8×1-7H的含义：M表示_____，8表示_____，

　　　　　　　　　　1表示_____，7H表示_____。

（7）表面结构要求 $\sqrt{}$ ^Ra12.5 的含义是_____。

（8）该零件有_____种表面结构要求，其中表面结构要求最高的代号是_____。

一、内容概要

1．目的要求

标准件和常用件是机器或部件装配和安装中广泛使用的零件，由于用途广、用量大、规格和种类繁多，国家标准已将这类零件的结构形状、尺寸等全部或部分予以标准化。通过本章的学习，要求学生掌握以下技能：

（1）掌握内、外螺纹和螺纹连接的规定画法，掌握常见螺纹的标注；

（2）掌握常用螺纹紧固件及其连接的画法规定，理解标记含义，会查表；

（3）掌握直齿圆柱齿轮参数及其相互关系，熟练掌握单个圆柱齿轮及圆柱齿轮啮合的画法；

（4）理解滚动轴承画法规定，了解滚动轴承的标记含义；

（5）掌握键连接和销连接的画法，熟悉键和销的标记方法，会查表；

（6）理解圆柱螺旋压缩弹簧的画法规定。

2．重点难点

（1）直齿圆柱齿轮基本参数计算，单个齿轮的规定画法和两齿轮啮合的规定画法；

（2）内、外螺纹和螺纹连接的规定画法；

（3）螺纹紧固件的装配连接画法。

二、题目类型

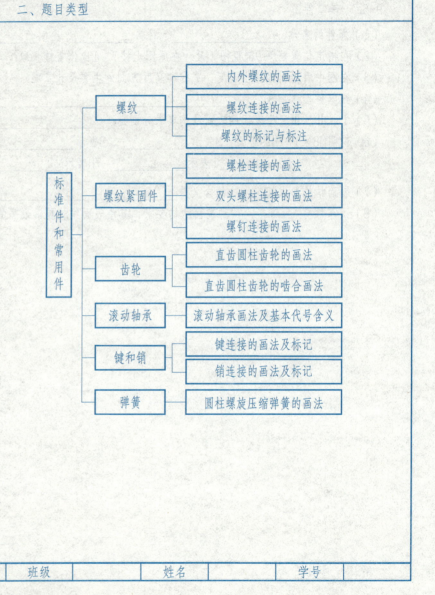

第10章　标准件和常用件

班级　　　　　姓名　　　　　学号

例1　内外螺纹连接画法示例

题目　用所给的两个螺纹连接件1和2，在下面指定位置画出内、外螺纹连接的全剖视图，旋合长度为15 mm。

分析　内外螺纹旋合连接，按照国家标准规定，旋合的部分按外螺纹画，其余按照各自的画法画出。先抄画内螺纹，然后量取旋合长度15 mm，画外螺纹，擦除被遮挡图线，注意剖面线画到粗实线为止。

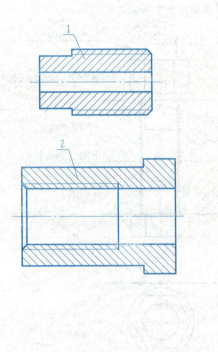

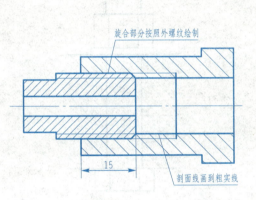

旋合部分按照外螺纹绘制

剖面线画到粗实线

15

例2 螺栓连接画法示例

题目 改正螺栓连接简化画法中的错误。

分析 按照国家标准规定，在绘制螺栓连接的装配图时，螺栓、螺母、垫圈按照不剖绘制；两零件接触表面只画一条线；相邻两零件画两条线分别表示各自的轮廓；螺栓的螺纹长度终止线画到下面零件顶面的上方，漏画的图线和错误之处，如下图所示。

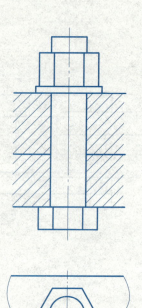

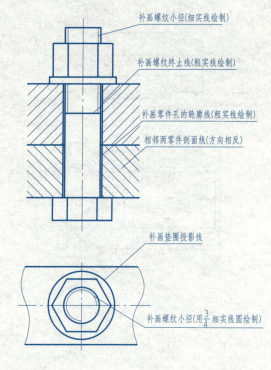

补画螺纹小径(细实线绘制)

补画螺纹终止线(粗实线绘制)

补画零件孔的轮廓线(粗实线绘制)

相邻两零件剖面线(方向相反)

补画垫圈投影线

补画螺纹小径(用 $\frac{3}{4}$ 细实线圆绘制)

例3 直齿圆柱齿轮的尺寸计算和绘图示例

题目 已知直齿圆柱齿轮模数 $m=2$，齿数 $z=25$，轮齿倒角为 $C1$，计算该齿轮的齿顶圆、齿根圆和分度圆直径，并完成齿轮的两视图。

分析 根据已知参数 $m=2, z=25$，计算如下：

$d=m \cdot z=2 \times 25=50$（mm）

$d_a=m(z+2)=54$（mm）

$d_f=m(z-2.5)=45$（mm）

依据尺寸和规定画法完成齿轮的两视图，如下图所示。

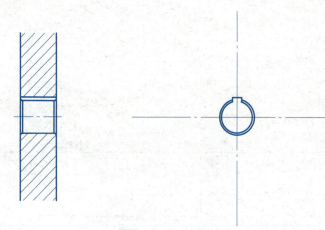

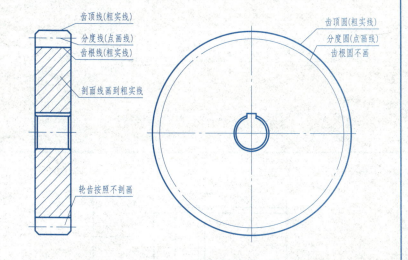

齿顶线(粗实线)
分度线(点画线)
齿根线(粗实线)
剖面线画到粗实线
轮齿按照不剖画

齿顶圆(粗实线)
分度圆(点画线)
齿根圆不画

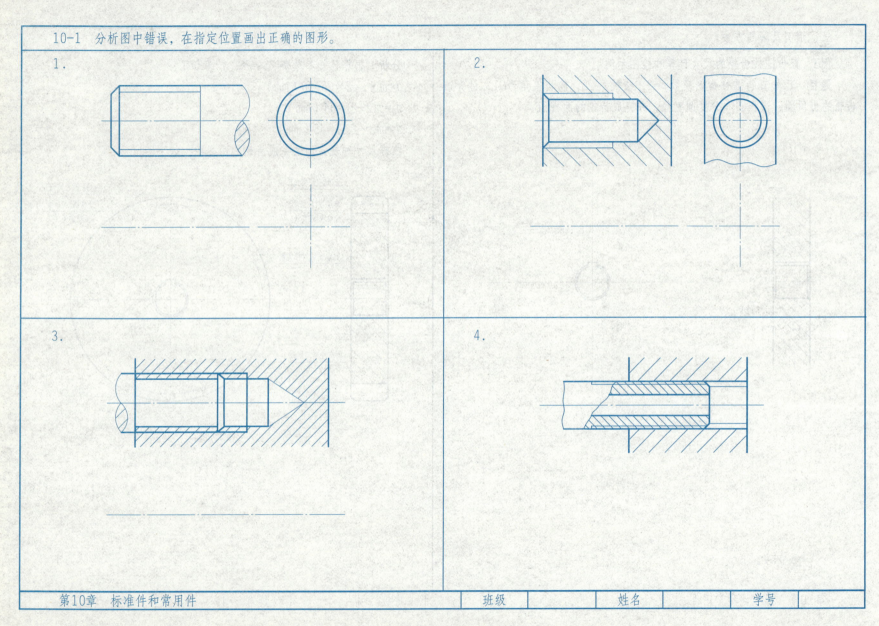

10-1　分析图中错误，在指定位置画出正确的图形。

1.

2.

3.

4.

1. 普通螺纹，公称直径16 mm，螺距2 mm，右旋，中径公差带代号为5g，顶径公差带代号为6g，中等旋合长度。

2. 普通螺纹，公称直径12 mm，螺距1 mm，左旋，中、顶径公差带代号为7H，短旋合长度。

3. 梯形螺纹，公称直径32 mm，螺距6 mm，双线，右旋，中径公差带代号为6g，长旋合长度。

4. 非螺纹密封的管螺纹，尺寸代号1英寸，右旋，公差等级A级。

| 第10章　标准件和常用件 | 班级 | | 姓名 | | 学号 | |

10-3　根据下列标准件的图形和尺寸，写出其标记。

1. A级六角头螺栓（GB/T 5782—2016）。

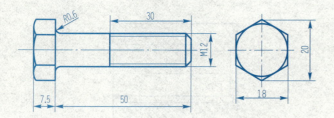

规定标记：＿＿＿＿＿＿＿＿＿

2. 双头螺柱（GB/T 897—1988）。

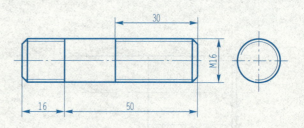

规定标记：＿＿＿＿＿＿＿＿＿

3. A级1型六角头螺母（GB/T 6170—2015）。

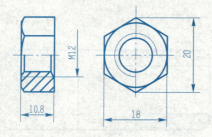

规定标记：＿＿＿＿＿＿＿＿＿

4. 圆柱销（GB/T 119.1—2000）。

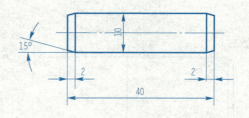

规定标记：＿＿＿＿＿＿＿＿＿

| 第10章　标准件和常用件 | 班级 | | 姓名 | | 学号 | |

10-4 螺纹紧固件标记和画法。

1. 找出图中画法的错误，并将正确的图形画在右面的指定位置。

（1）

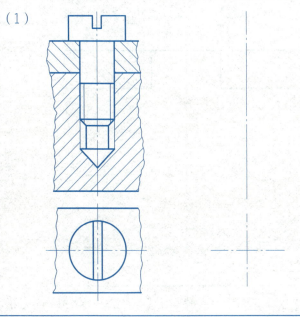

（2）

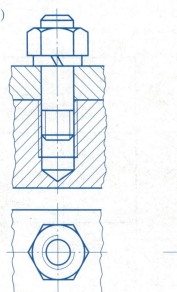

2. 解释下列螺纹标记的完整含义。

（1）M16×1.5-6g7g-L：

（2）Tr32×12(P6)LH-8H-L：

（3）G1：

| 第10章 标准件和常用件 | 班级 | | 姓名 | | 学号 | |

10-5 螺纹紧固件连接的画法。

1．用M16的螺栓（GB/T 5782）、螺母（GB/T 6170）和垫圈（GB/T 97.1）连接下列两个零件，用比例画法按1∶1比例完成螺栓连接图。

2．用M16的双头螺柱（GB/T 898）、螺母（GB/T 6170）和垫圈（GB/T 97.1）连接两零件，用比例画法按1∶1比例完成双头螺柱连接图。

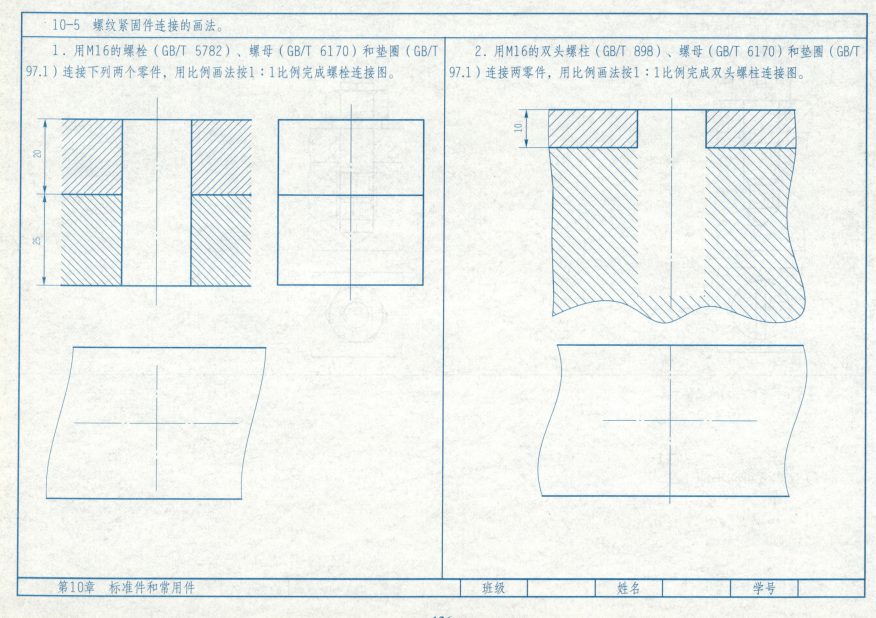

| 第10章 标准件和常用件 | 班级 | | 姓名 | | 学号 | |

10-6 直齿圆柱齿轮的规定画法。

已知直齿圆柱齿轮模数m=5，齿数z=40，试计算该齿轮的分度圆、齿顶圆和齿根圆的直径。用1：2比例完成下列两视图，并标注尺寸（轮齿倒角为C1.5）。

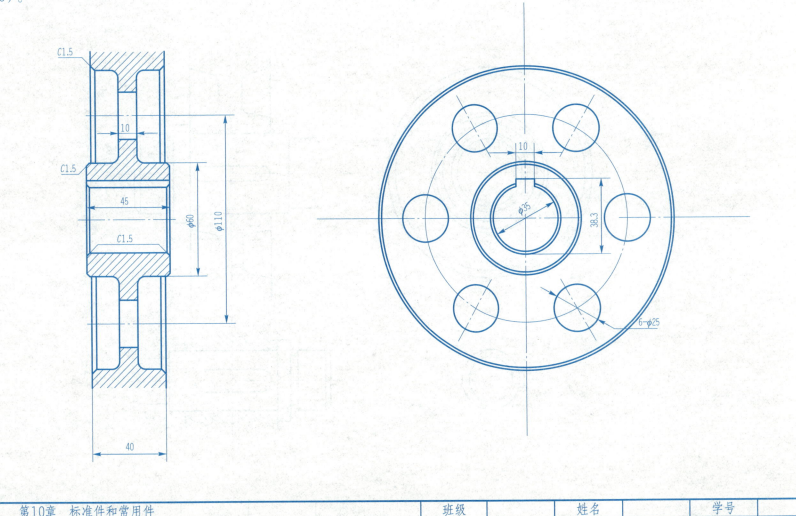

已知大齿轮模数$m=4$，齿数$z_1=38$，两齿轮的中心距$a=110$ mm。试计算大小两齿轮的分度圆、齿顶圆和齿根圆的直径及传动比。用$1:2$比例完成下列直齿圆柱齿轮的啮合图（写出计算公式和结果）。

第10章　标准件和常用件	班级	姓名	学号

10-8 键连接的规定画法。

已知轴和齿轮，用普通A型平键连接，键的基本尺寸b=12 mm，长度l=40 mm，查表确定键和键槽的尺寸。用1：2比例画出下列各视图和剖视图，并注出（1）和（2）图中键槽的尺寸。

（1）轴

（2）齿轮

（3）用键连接轴和齿轮

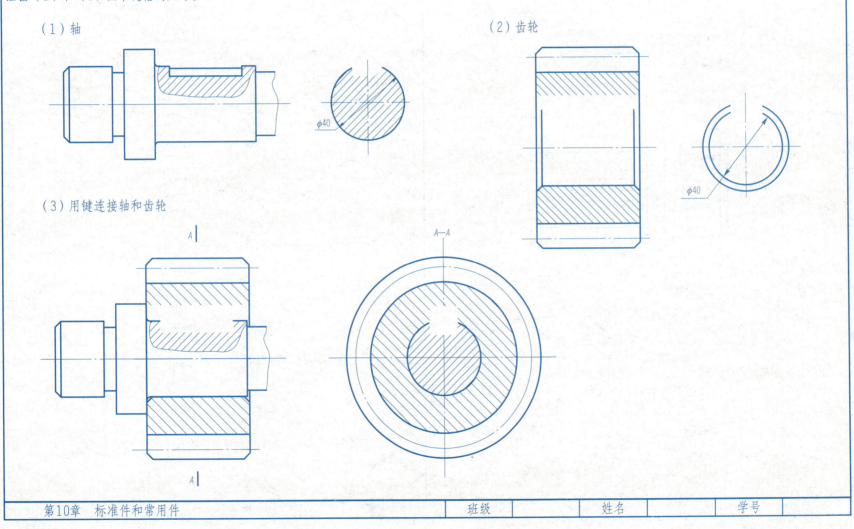

10-9 滚动轴承、弹簧的规定画法。

1. 查表确定滚动轴承的尺寸，用规定画法按照1：1比例在轴端画出轴承与轴的装配图。

2. 用1：1比例画出圆柱螺旋压缩弹簧的剖视图。已知d=4 mm，t=10.2 mm，D_2=30 mm，H_0=95 mm，右旋。

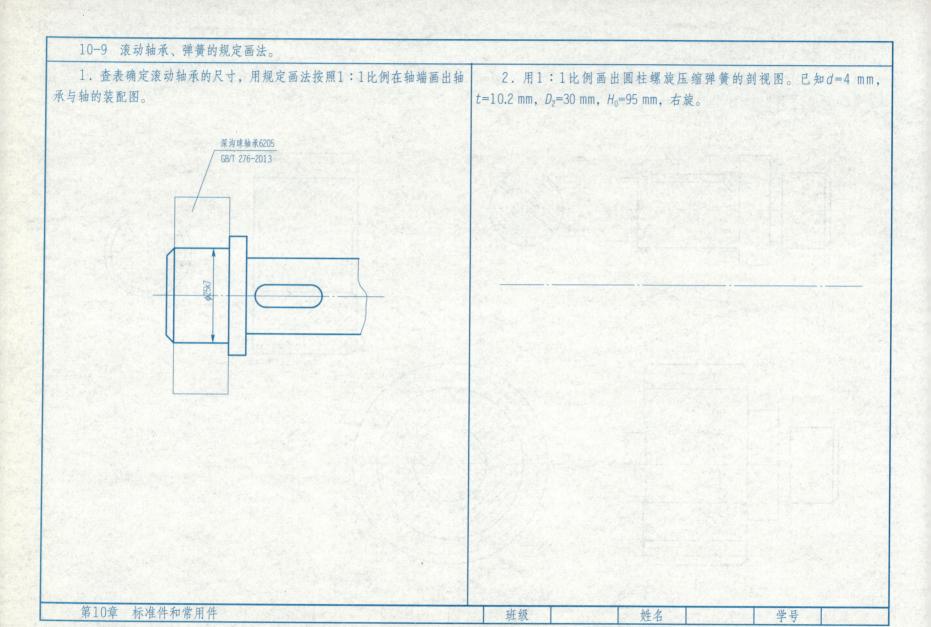

深沟球轴承6205
GB/T 276-2013

$\phi 25k7$

| 第10章 标准件和常用件 | | 班级 | | 姓名 | | 学号 | |

一、内容概要

1. 目的要求

表示一台机器或一个部件装配关系、工作原理、相对位置的图样称为装配图。要求掌握装配图的常用表达方法、特殊表达方法、尺寸标注、读装配图、由装配图拆画零件图。

2. 重点、难点

（1）装配图的表达方法；

（2）装配图中的五种尺寸；

（3）由装配图拆画零件图。

二、题目类型

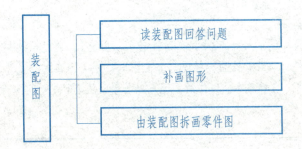

装配图题型主要包括以下几种：

（1）根据给出的图形回答装配图采用了哪些表达方法。

（2）装配图中的尺寸属于五类尺寸中的哪一类，解释装配图中标注尺寸的含义。

（3）拆卸零件的顺序。

（4）由装配图拆画零件图。

例1 读夹线体装配图（一）

工作原理

夹线体是将线穿入衬套3中，然后旋转手动压套1，通过螺纹M36×2使手动压套向右移动，沿着锥面接触使衬套向中心收缩（因在衬套上开有槽），从而夹紧线体。当衬套夹住线体后，还可以与手动压套1、夹套2一起在盘座4的孔中旋转。

读图要求

1. 画出A—A剖面图。

A—A

2. 拆画零件2，并填写标题栏中的零件材料、名称。

		比例		
		数量		
制图		质量		材料
描图				
审核				

第11章 装配图	班级		姓名		学号	

例1 读夹线体装配图（二）

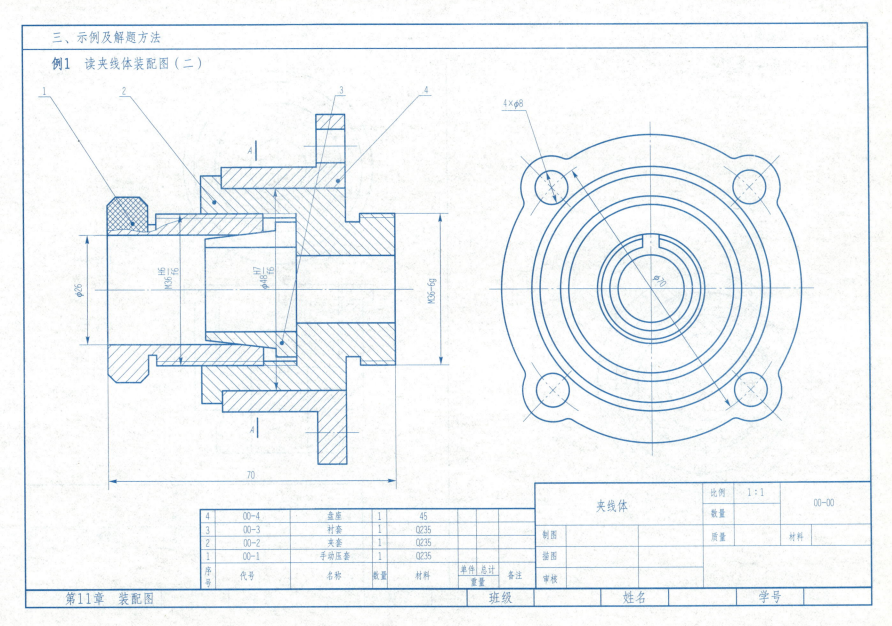

4	00-4	盘座	1	45			
3	00-3	衬套	1	Q235			
2	00-2	夹套	1	Q235			
1	00-1	手动压套	1	Q235			
序号	代号	名称	数量	材料	单件总计 重量	备注	

夹线体		比例	1:1	00-00
		数量		
制图		质量		材料
描图				
审核				

第11章 装配图	班级	姓名	学号

例1 读夹线体装配图（三）

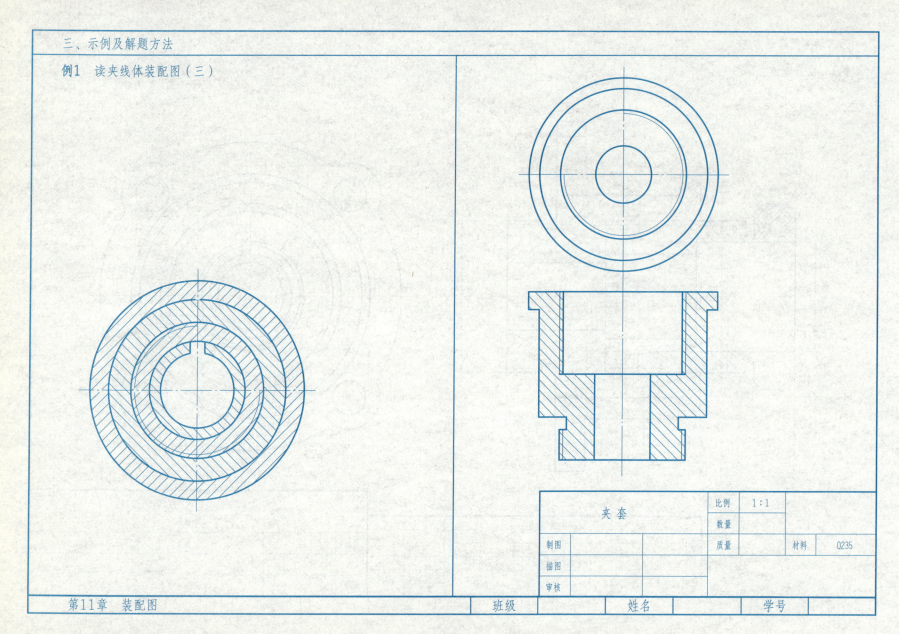

夹 套		比例	1:1		
		数量			
制图		质量		材料	Q235
描图					
审核					

第11章 装配图	班级		姓名		学号	

11-1.1 读换向阀装配图

工作原理

换向阀用于流体管路中控制流体的输出方向。在图示情况下，流体从右边进入，因上出口不通，故从下出口流出。当转动手柄4，使阀门2旋转180°时，则下出口不通，就从上出口流出，根据手柄转动角度的大小，还可以调节出口处的流量。

读换向阀装配图，回答问题：

1. 换向阀装配图采用了____表达方法；

2. 装配图上一般标注的尺寸有______种，图中118属于_________尺寸、G3/8属于_________尺寸；

3. 换向阀的3×ϕ8孔的作用是____；其定位尺寸为____；

4. 序号为7的零件材料为_________，其作用是____；

5. 写出换向阀的拆卸顺序（写零件序号即可）：____；

6. 实测换向阀装配图尺寸，按2∶1比例绘制序号3锁紧螺母零件图。

第11章　装配图	班级		姓名		学号	

7. 实测，按1：1比例绘制零件1阀体零件图，并填写标题栏中内容（零件名称、材料）。

				比例		
				件数		
制图				质量		共 张　第 张
描图						
审核						

第11章　装配图		班级		姓名		学号	

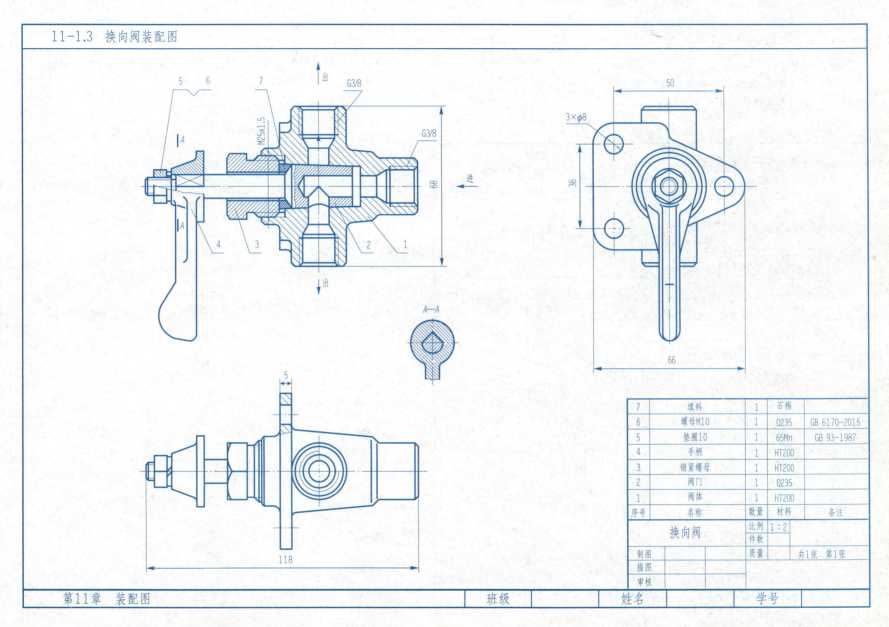

7	填料	1	石棉	
6	螺母M10	1	Q235	GB 6170-2015
5	垫圈10	1	65Mn	GB 93-1987
4	手柄	1	HT200	
3	锁紧螺母	1	HT200	
2	阀门	1	Q235	
1	阀体	1	HT200	
序号	名称	数量	材料	备注

换向阀		比例	1:2	
		件数		
制图		质量		共1张 第1张
描图				
审核				

第11章 装配图		班级		姓名		学号	

工作原理

供气阀是燃气灶的一个部件，操纵杆（图中未画出）插入阀门1上的孔内，可关闭、开通或控制出气量的大小。

读供气阀装配图，回答问题：

1. 供气阀装配图采用了＿＿＿＿＿＿＿＿＿＿＿＿＿＿＿＿＿＿＿＿

＿＿＿＿＿＿＿＿＿＿＿＿＿＿表达方法；

2. 供气阀装配图中M12×1属于＿＿＿＿＿＿＿＿尺寸，尺寸ϕ1.2属于

＿＿＿＿＿＿＿＿＿尺寸；

3. 零件6挡圈在供气阀的作用是＿＿＿＿＿＿＿＿＿＿＿＿＿＿＿＿

＿＿＿＿＿＿＿＿＿＿＿＿＿；其材料为＿＿＿＿＿＿＿＿＿＿＿＿

＿＿＿＿＿＿＿＿＿＿＿＿＿＿＿＿＿；

4. 供气阀中标准件有＿＿＿＿＿＿种，其材料是＿＿＿＿＿＿＿＿＿；

一个供气阀中用该零件＿＿＿＿＿＿＿＿＿＿＿＿＿＿＿＿；

5. 写出供气阀的拆卸顺序（写零件序号即可）：＿＿＿＿＿＿＿＿＿

＿＿＿＿＿＿＿＿＿＿＿＿＿；

6. 看懂供气阀装配图，实测，按1：1比例拆画1号零件的零件图。

第11章 装配图		班级		姓名		学号	

7. 看懂供气阀装配图，实测，按1：1比例拆画2号零件的零件图，并填写标题栏中内容（零件名称、材料）。

			比例		
			件数		
制图			质量		共　张　第　张
描图					
审核					

第11章　装配图		班级		姓名		学号	

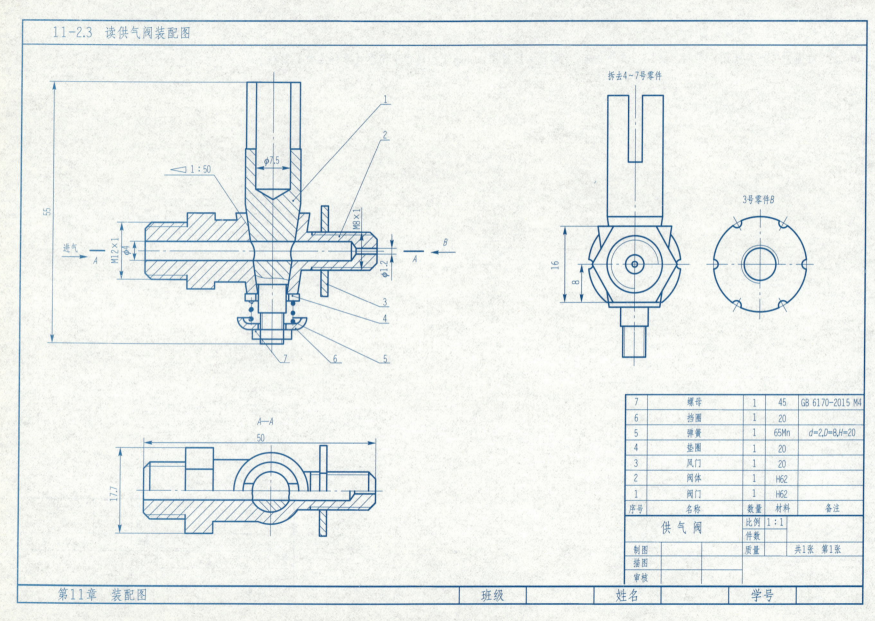

拆去4~7号零件

3号零件B

进气

⊲ 1:50

ϕ7.5

ϕ4

M12×1

M8×1

ϕ1.2

55

16

8

A—A

50

17.7

7	螺母	1	45	GB 6170-2015 M4
6	挡圈	1	20	
5	弹簧	1	65Mn	$d=2,D=8,H=20$
4	垫圈	1	20	
3	风门	1	20	
2	阀体	1	H62	
1	阀门	1	H62	
序号	名称	数量	材料	备注

供气阀	比例	1:1	
	件数		
制图		质量	共1张 第1张
描图			
审核			

| 第11章 装配图 | | 班级 | | 姓名 | | 学号 | |

11-3 读管接头装配图，画出B-B、C-C断面图。

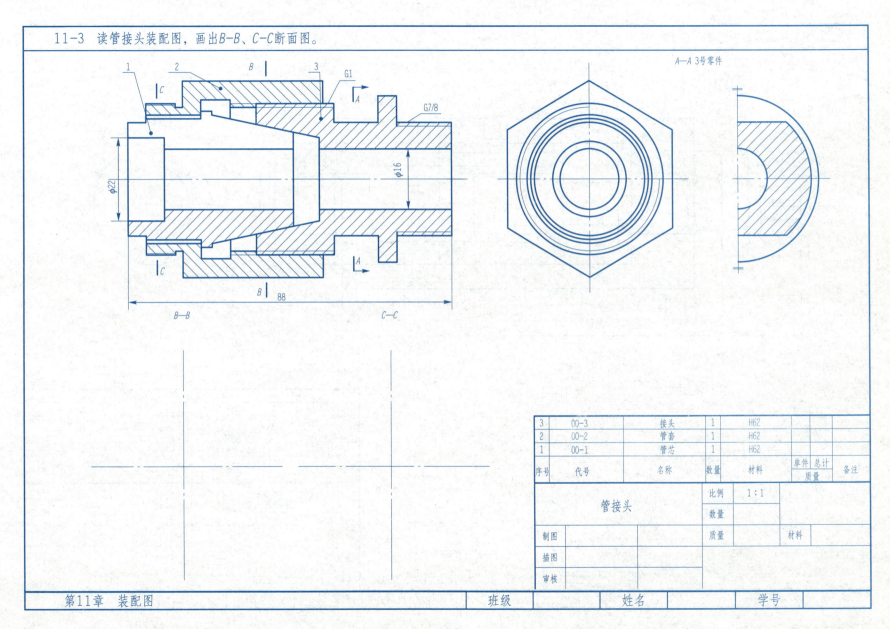

3	00-3	接头	1	H62			
2	00-2	管套	1	H62			
1	00-1	管芯	1	H62			
序号	代号	名称	数量	材料	单件/总计 质量		备注

管接头		比例	1:1		
		数量			
制图		质量		材料	
描图					
审核					

第11章 装配图		班级		姓名		学号	

11-4 读顶紧器装配图，画出B-B、C-C断面图。

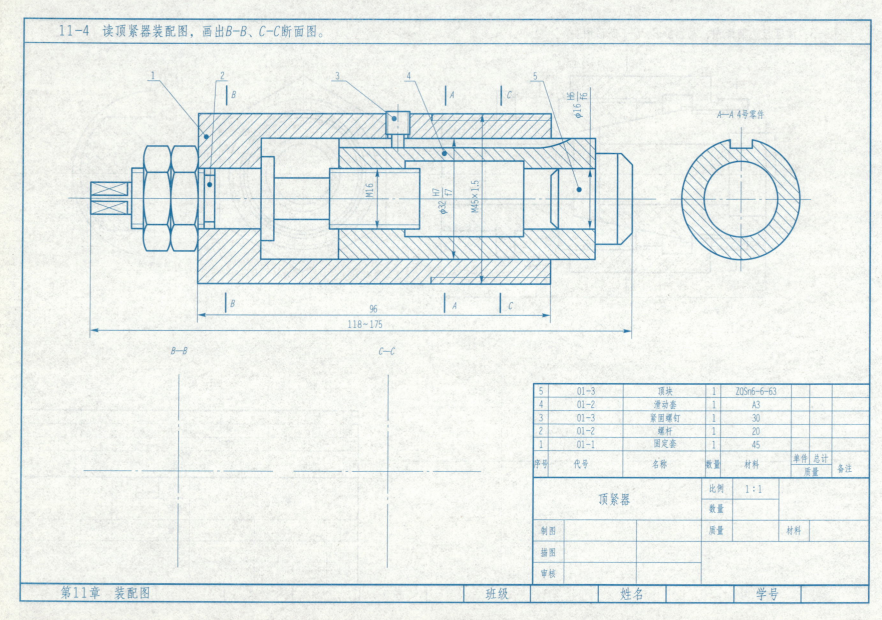

A—A 4号零件

B—B

C—C

5	01-3	顶块	1	ZQSn6-6-63			
4	01-2	滑动套	1	A3			
3	01-3	紧固螺钉	1	30			
2	01-2	螺杆	1	20			
1	01-1	固定套	1	45			
序号	代号	名称	数量	材料	单件	总计	备注
						质量	

顶紧器		比例	1:1		
		数量			
制图		质量		材料	
描图					
审核					

机械工程制图标准大学院校系专业班级标题校核

投影主俯仰斜视向前后左右半剖面其余调质倒角

比例材料零件序号基本知识密封热处理锐边润滑

螺母栓柱钉焊铆架垫圈平键销齿轮滚动轴承端盖壳体弹簧蜗轮杆

零部件测绘装配钻孔硬度铸铁钢板矿业工程技术扳手底座减速器

ABCDEFGHIJKLMNOPQRSTUVWXYZ

abcdefghijklmnopqrstuvwxyz

1234567890 I Ⅱ Ⅲ Ⅳ Ⅴ Ⅵ Ⅶ Ⅷ Ⅸ Ⅹ

R3 M24-6H ϕ65H7 78±0.1 $\phi 20^{+0.010}_{-0.023}$

1. 在指定位置处,照样画出各种图线。

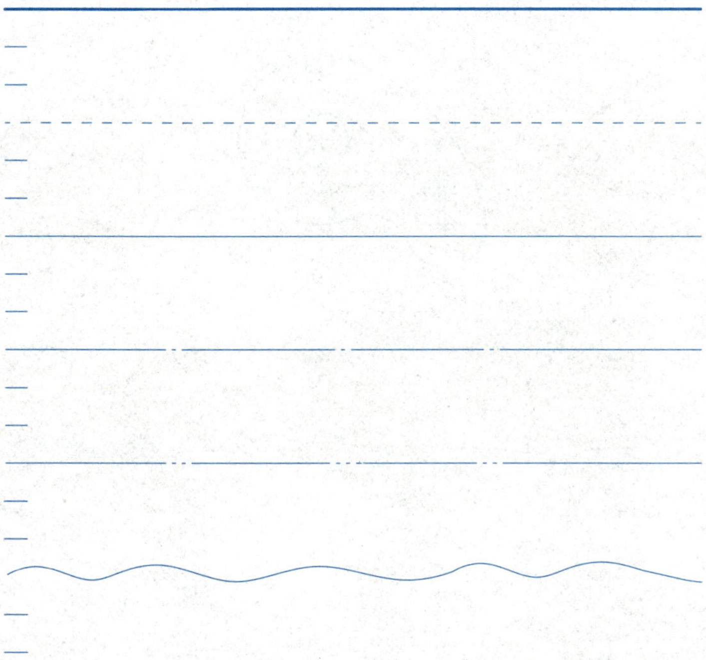

2. 用作图法作圆的内接正五边形、正六边形。

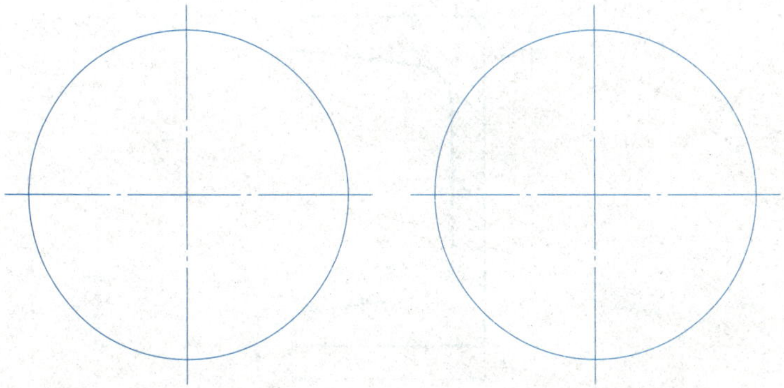

3. 在指定位置,用四心法画椭圆(长轴为60,短轴为40)。

第12章 制图的基本知识和基本技能

班级　　　　　姓名　　　　　学号

1. 参照所示图形及尺寸，用1：1的比例在指定位置画出图形，并标注尺寸。

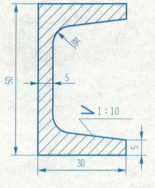

2. 参照所示图形及尺寸，用1：1的比例在指定位置画出图形，并标注尺寸。

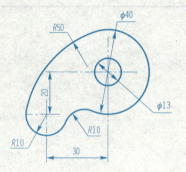

| 第12章　制图的基本知识和基本技能 | 班级 | | 姓名 | | 学号 | |

1. 在下列平面图形上标注箭头和尺寸数值（直接在图中量取，圆整为整数）。

（1）

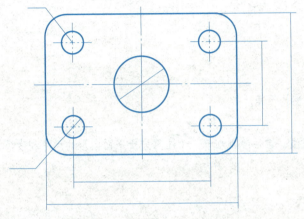

（2）

2. 标注下列平面图形的尺寸（直接在图中量取，圆整为整数）。

（1）

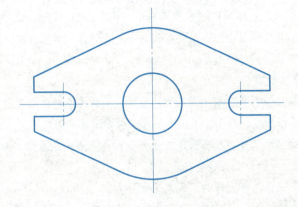

（2）

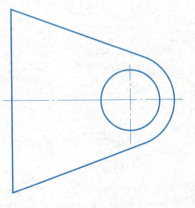

| 第12章 制图的基本知识和基本技能 | 班级 | | 姓名 | | 学号 | |

几何作图

一、绘图要求

1. 在A3图纸上按照1：1比例画出下列平面图形，图名为几何作图。

2. 图形的尺寸正确，线型粗细分明、光滑匀称，字体工整，图面整洁，布局合理。

3. 所有字体均打格书写。

二、作图步骤

1. 准备工作：将绘制不同图线的铅笔及圆规准备好；将图板、丁字尺和三角板等擦拭干净。

2. 将图纸放在图板上，用丁字尺找正后再用胶带固定。

3. 根据布图方案，利用投影关系，先画各图形的基准线，再画各图形的主要轮廓线，最后绘制细节。（注意分析平面图形的尺寸和线段，先画已知线段、中间线段，最后画连接线段。）

4. 检查底稿，修正错误，擦掉多余图线。

5. 依次描深图线；标注尺寸；填写标题栏。

三、注意事项

图形布置要匀称，留出标注尺寸的位置。先依据图纸幅面、绘图比例和平面图形的总体尺寸大致布图，再画出作图基准线，确定每个图形的具体位置。

第12章　制图的基本知识和基本技能	班级		姓名		学号	

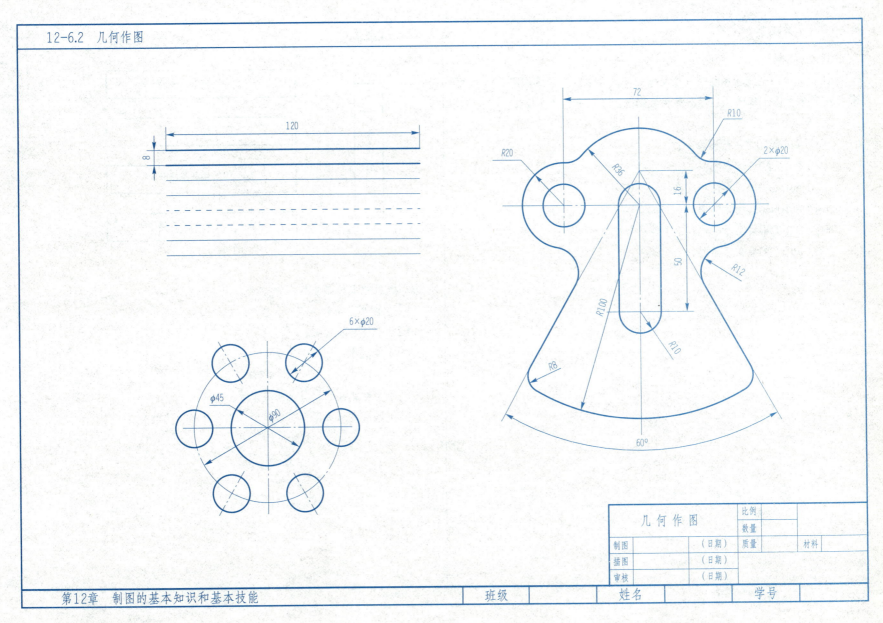

几何作图		比例			
		数量			
制图		（日期）	质量		材料
描图		（日期）			
审核		（日期）			

第12章 制图的基本知识和基本技能	班级		姓名		学号	

一、内容概要	二、题目类型

1. 目的要求

计算机绘图是制图课程中一个必修的实践环节。要求掌握利用AutoCAD软件绘制平面图、零件图、标准件和装配图，并能进行尺寸标注。

2. 重点、难点

（1）AutoCAD常用绘图命令；

（2）AutoCAD修改命令；

（3）AutoCAD尺寸标注和文字标注；

（4）AutoCAD绘制零件图；

（5）AutoCAD绘制标准件、常用件；

（6）AutoCAD绘制装配图。

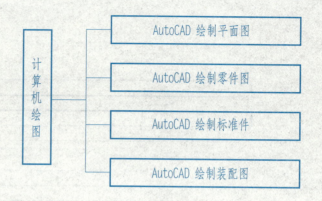

AutoCAD绘制图形主要步骤：

（1）图形分析；

（2）绘图环境设置；

（3）绘制图形底稿、修改；

（4）线型修改；

（5）尺寸标注、填写技术要求等；

（6）绘制和填写图框、标题栏、零件序号、明细表。

第13章 计算机绘图	班级		姓名		学号	

1.

2.

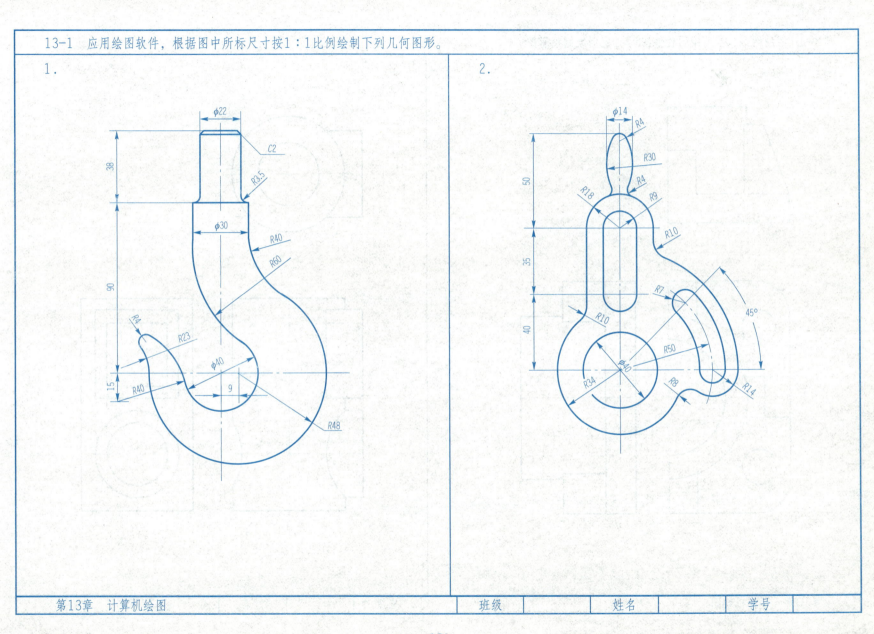

第13章 计算机绘图   班级   姓名   学号

13-2 实测图形，应用绘图软件按1：1比例绘制投影图。

1.

2.

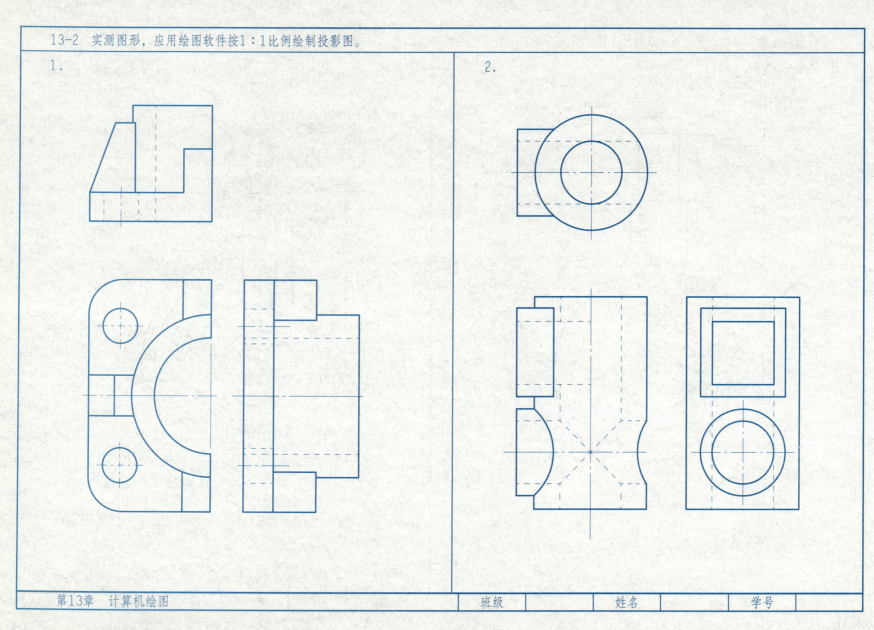

第13章 计算机绘图

| 班级 | | 姓名 | | 学号 | |

13-3　实测图形，应用绘图软件按1：1比例绘制投影图、剖视图。

1.

2.

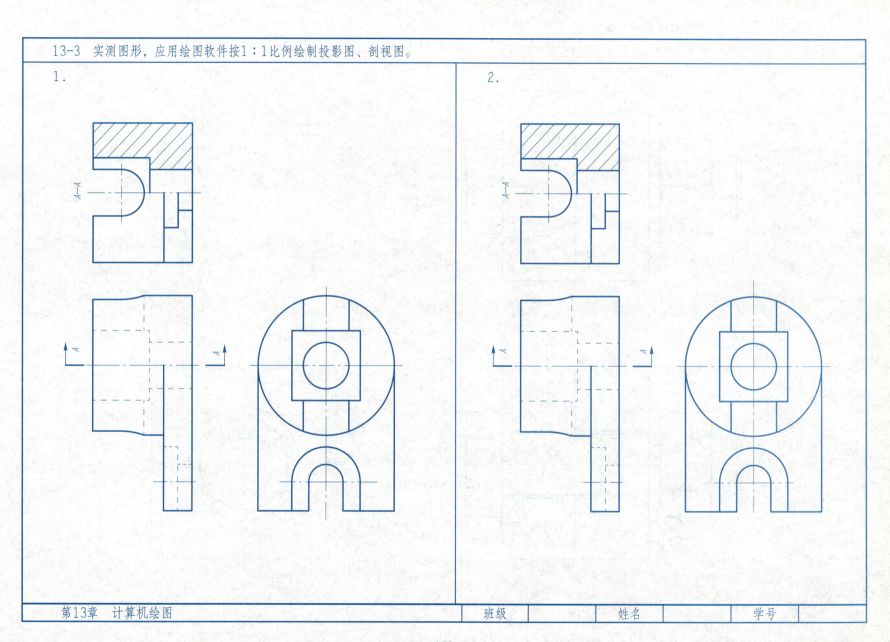

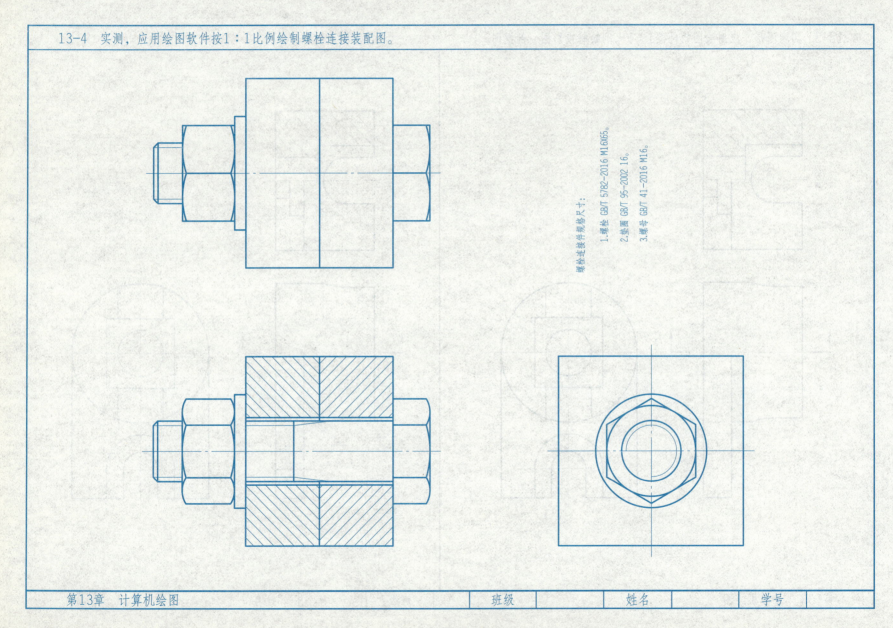

螺栓连接件规格尺寸：

1.螺栓 GB/T 5782-2016 M16/65。

2.垫圈 GB/T 95-2002 16。

3.螺母 GB/T 41-2016 M16。

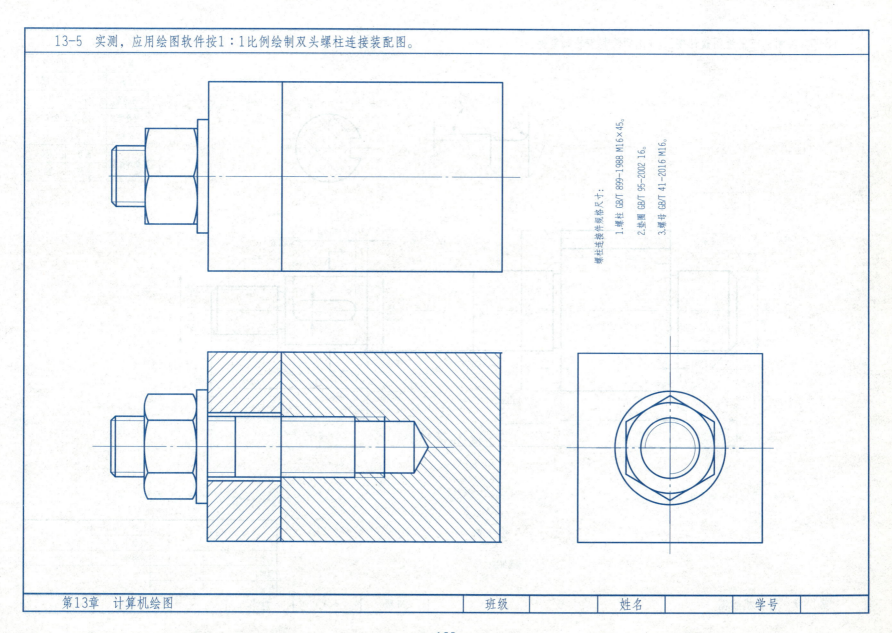

螺柱连接装接件规格尺寸：

1.螺柱 GB/T 899-1988 M16×45。

2.垫圈 GB/T 95-2002 16。

3.螺母 GB/T 41-2016 M16。

第13章　计算机绘图	班级		姓名		学号	

13-6 实测，应用绘图软件按1：1比例绘制齿轮轴零件图。

模数	m	2
齿数	z	18
压力角	α	20°
精度等级	8-7-7-Dc	
齿厚	3.142	
配对齿轮	图号	6503
	齿数	25

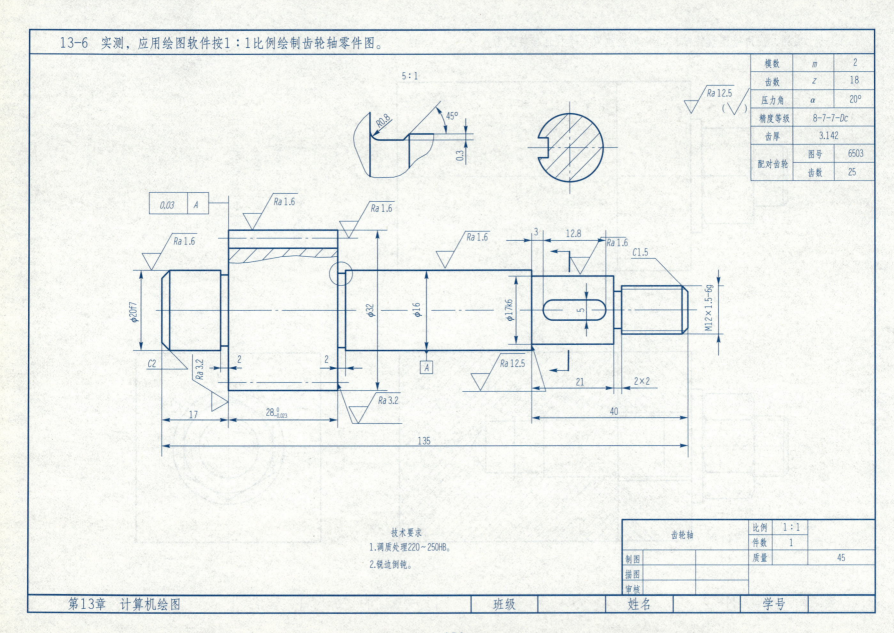

技术要求
1.调质处理220~250HB。
2.锐边倒钝。

齿轮轴		比例	1:1
		件数	1
制图		质量	45
描图			
审核			

第13章 计算机绘图	班级	姓名	学号

13-7 实测，应用绘图软件按1：1比例绘制千斤顶装配图。

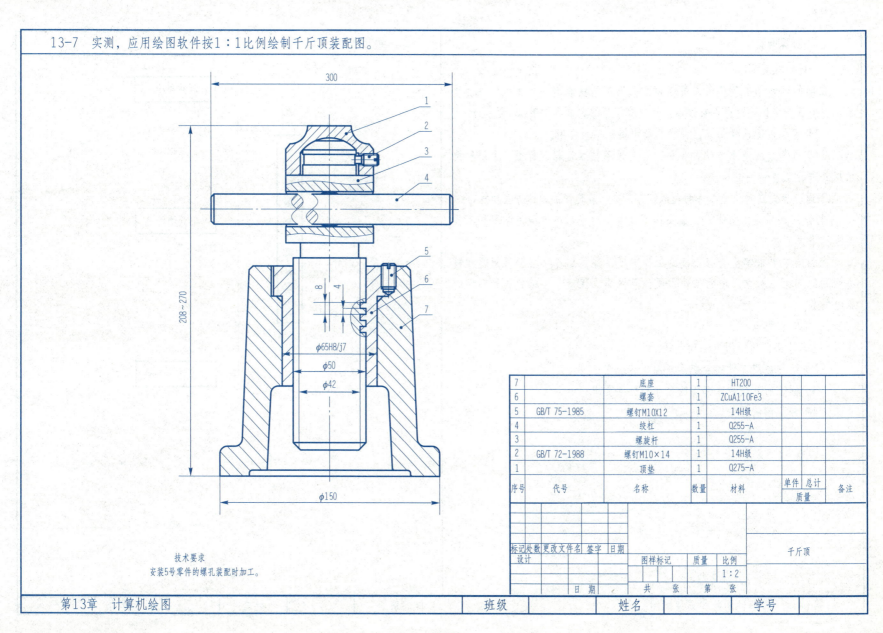

技术要求
安装5号零件的螺孔装配时加工。

7		底座	1	HT200			
6		螺套	1	ZCuA110Fe3			
5	GB/T 75-1985	螺钉M10X12	1	14H级			
4		绞杠	1	Q255-A			
3		螺旋杆	1	Q255-A			
2	GB/T 72-1988	螺钉M10×14	1	14H级			
1		顶垫	1	Q275-A			
序号	代号	名称	数量	材料	单件 总计		备注
					质量		

标记 处数 更改文件名 签字 日期			图样标记	质量	比例	千斤顶
设计					1:2	
	日期		共 张	第 张		

第13章 计算机绘图	班级		姓名		学号	

一、内容概要	二、题目类型

一、内容概要

1. 目的要求

零部件测绘是工程技术人员必须掌握的制图技能之一。对推广先进技术、交流革新成果、改进现有设备、修配零件等都有重要作用，目的在于：

(1)复习和巩固已学知识，并在测绘中得到综合应用；

(2)掌握测绘的基本方法和步骤，具有运用技术资料、标准、手册和技术规范进行工程制图的技能；

(3)进一步提高对典型零件的表达能力，掌握装配图的表达方法和技巧；

(4)进一步加强作图能力、提高作图速度，为今后的专业课学习和工程实践打下坚实基础。

在测绘中要求学生具有正确的工作态度，注意培养独立分析问题和解决问题的能力，树立严谨的工作作风，且保质、保量、按时完成零部件的测绘任务。

2. 重点、难点

（1）零部件测绘的方法和步骤；

（2）绘制被测部件的装配示意图和装配图；

（3）标注所有被测零部件的尺寸和技术要求；

（4）装配图的画法。

二、题目类型

零部件测绘和画装配图
- 零件测绘
- 部件测绘
- 装配图的画法

1．零件测绘任务

测绘端盖，绘制端盖零件图。

2．零件测绘要求

（1）用A3图纸或坐标纸绘图，建议绘图比例采用1∶1；

（2）表达方案合理、投影正确、尺寸基准选择合理、技术要求标注规范、线型和字体规范，符合机械制图国家标准要求；

（3）先绘制零件草图，然后上机完成零件工作图。

3．作图步骤

（1）了解和分析测绘对象；

（2）确定视图表达方案；

（3）绘制零件草图。

4．注意事项

（1）选择表达方案时，端盖零件一般用两个视图表达，主视图按照轴线水平放置，并画剖视图，另一视图表达外形；

（2）标注尺寸时，应先选定尺寸基准，再按形体分析法标注定形、定位和总体尺寸；

（3）技术要求标注采用类比法，参考教材中的有关图例，在老师的指导下进行。

5．端盖的三维实体造型

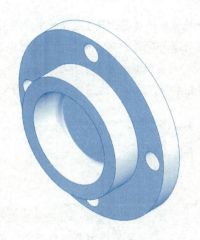

1．零件测绘任务

测绘支架，绘制支架零件图。

2．零件测绘要求

（1）用A3图纸或坐标纸绘图，建议绘图比例采用1：1；

（2）表达方案合理、投影正确、尺寸基准选择合理、技术要求标注规范、线型和字体规范，符合机械制图国家标准要求；

（3）先绘制零件草图，然后上机完成零件工作图。

3．作图步骤

（1）了解和分析测绘对象；

（2）确定视图表达方案；

（3）绘制零件草图。

4．注意事项

（1）选择表达方案时，按照叉架类零件表达方法选择两个或两个以上的基本视图，并配备断面图、局部视图等其他视图，最好提出几种表达方案，然后选出最佳方案绘图；

（2）标注尺寸时，应先选定尺寸基准，再按形体分析法标注定形、定位和总体尺寸；

（3）零件上标准结构要素（如螺纹、键槽、销孔等），应查表予以标准化；

（4）技术要求标注采用类比法，参考教材中的有关图例，在老师的指导下进行。

5．支架的三维实体造型

第14章　零部件测绘和画装配图	班级		姓名		学号	

1. 零件测绘任务

测绘泵体，绘制泵体零件图。

2. 零件测绘要求

（1）用A3图纸或坐标纸绘图，建议绘图比例采用1：1；

（2）表达方案合理、投影正确、尺寸基准选择合理、技术要求标注规范、线型和字体规范，符合机械制图国家标准要求；

（3）先绘制零件草图，然后上机完成零件工作图。

3. 作图步骤

（1）了解和分析测绘对象；

（2）确定视图表达方案；

（3）绘制零件草图。

4. 注意事项

（1）选择表达方案时，按照箱体类零件表达方法选择三个或三个以上基本视图，并配备断面图、局部放大图、局部视图等，最好提出几种表达方案，然后选出最佳方案绘图；

（2）标注尺寸时，应先选定尺寸基准，再按形体分析法标注定形、定位和总体尺寸；

（3）零件上标准结构要素（如螺纹、键槽、销孔等），应查表予以标准化；

（4）技术要求标注采用类比法，参考教材中的有关图例，在老师的指导下进行。

5. 阀体的三维实体造型

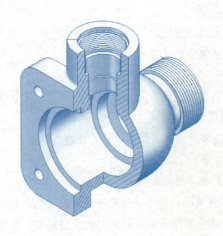

1. 部件测绘的任务

测绘齿轮油泵，绘制装配示意图、装配图和成套零件图。

2. 部件测绘要求

（1）用A3图纸或坐标纸绘图，建议绘图比例采用1：1；

（2）将标准件集中记录在一张纸上，按序号分格记录其名称、数量、规格和标记；

（3）表达方案合理，投影正确，图线、文字、序号编制、零件明细栏格式等符合机械制图国家标准要求；

（4）正确标注零件图和装配图中的尺寸和技术要求。

3. 部件测绘步骤

（1）了解和分析测绘对象；

齿轮油泵的工作原理：当传动齿轮按逆时针方向转动时，将扭矩传递给传动齿轮轴，齿轮啮合带动齿轮轴做顺时针方向转动。泵体内一对齿轮做啮合传动，啮合区内右边空间的压力降低，油池中的油在大气压力作用下进入油泵低压区内的吸油口，随着齿轮转动，齿槽中的油被带至左边的压油口并被压出，送至机器中需要润滑的部分。

（2）拆卸零件；

（3）绘制装配示意图；

（4）绘制零件草图；

（5）画装配图和零件图。

4. 注意事项

（1）拆卸中仔细观察熟悉构造，装配示意图按装配位置放置；

（2）查表确定标准件的型号、规格；

（3）画装配图时选择合理的表达方案，先绘制主要零件，再绘制其他零件；

（4）建议分组测绘。

5. 齿轮油泵的三维实体造型

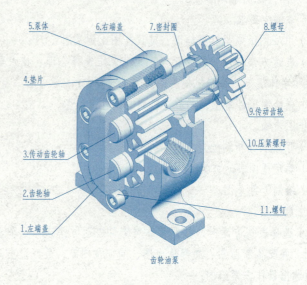

5.泵体　6.右端盖　7.密封圈　8.螺母　4.垫片　9.传动齿轮　10.压紧螺母　3.传动齿轮轴　2.齿轮轴　11.螺钉　1.左端盖

齿轮油泵

1．部件测绘的任务

测绘安全阀，绘制装配图示意图、装配图和成套零件图。

2．部件测绘要求

（1）用A3图纸或坐标纸绘图，建议绘图比例采用1：1；

（2）将标准件集中记录在一张纸上，按序号分格记录其名称、数量、规格和标记；

（3）表达方案合理，投影正确，图线、文字、序号编制、零件明细栏格式等符合机械制图国家标准要求；

（4）正确标注零件图和装配图中的尺寸和技术要求。

3．作图步骤

（1）了解和分析测绘对象；

安全阀的工作原理：用于流体压力管路中自动调节压力的部件，使管路中流体的压力保持在一定的范围之内。工作时，流体沿阀体下端的孔流入，从油孔流出，当压力超过额定值时，将阀门推开，流体经左孔流向回路。阀门的打开压力（即工作压力）可以通过改变弹簧的压缩量来调节，调节方法是：旋转螺杆，通过弹簧托盘，改变对弹簧的压力。经试验，满足要求后，再用螺母将螺杆固定。

（2）绘制装配示意图；

（3）绘制零件草图；

（4）画装配图和零件图。

4．注意事项

（1）拆卸中仔细观察熟悉构造，装配示意图按装配位置放置；

（2）查表确定标准件的型号、规格；

（3）画装配图时选择合理的表达方案，先绘制主要零件，再绘制其他零件。

5．安全阀的三维实体造型

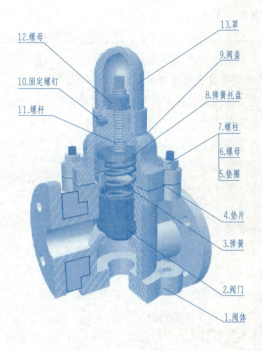

12.螺母
13.罩
9.阀盖
10.固定螺钉
8.弹簧托盘
11.螺杆
7.螺柱
6.螺母
5.垫圈
4.垫片
3.弹簧
2.阀门
1.阀体

| 第14章　零部件测绘和画装配图 | 班级 | | 姓名 | | 学号 | |

1. 画装配图的任务

由千斤顶的装配示意图和零件图，拼画千斤顶的装配图。

2. 画装配图要求

（1）用A3图纸或坐标纸绘图，建议绘图比例采用1∶1；

（2）装配图中的表达方案合理，投影正确，图线、文字、序号编制、零件明细栏格式等符合机械制图国家标准要求；

（3）正确标注装配图中的尺寸和技术要求。

3. 作图步骤

（1）布置视图，画出各视图的作图基线和主要轴线；

（2）画底稿，绘制剖面线，加深视图；

（3）标注尺寸；

（4）零件编号、填写明细栏、标题栏和技术要求。

4. 注意事项

（1）千斤顶的工作原理：千斤顶是顶起重物的部件，使用时,只需逆时针方向转动旋转杆3，起重螺杆2就向上移动，并将重物顶起；

（2）合理的选择装配图的表达方案，主视图沿主要装配干线，一般采用剖视图，其他视图作为主视图的补充；

（3）注意相邻两零件的结合面，采用由内向外绘图；

（4）合理的标注装配图中的尺寸和技术要求。

5. 千斤顶的三维实体造型

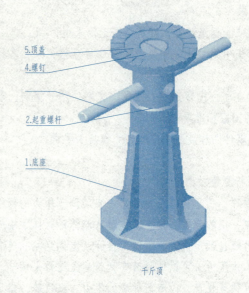

5.顶盖
4.螺钉
2.起重螺杆
1.底座

千斤顶

6. 千斤顶的装配示意图

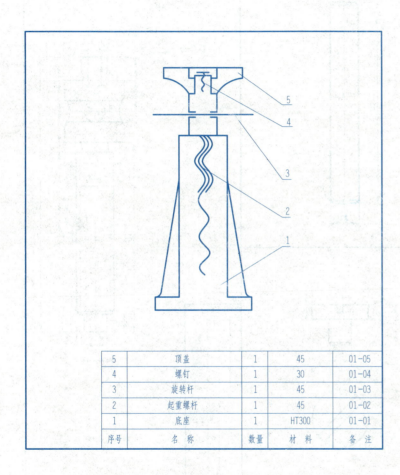

5	顶盖	1	45	01-05
4	螺钉	1	30	01-04
3	旋转杆	1	45	01-03
2	起重螺杆	1	45	01-02
1	底座	1	HT300	01-01
序号	名　称	数量	材料	备　注

7. 千斤顶的零件图

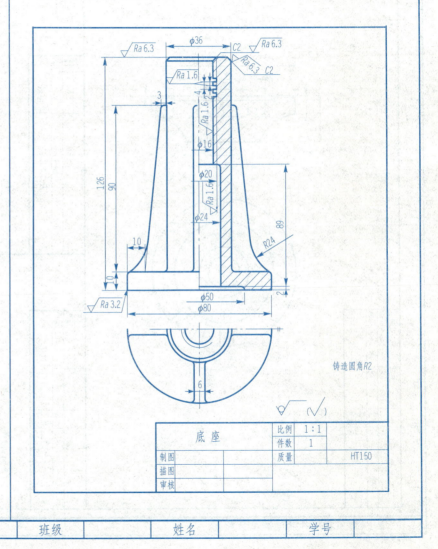

铸造圆角R2

底　座		比例	1:1
		件数	1
制图		质量	HT150
描图			
审核			

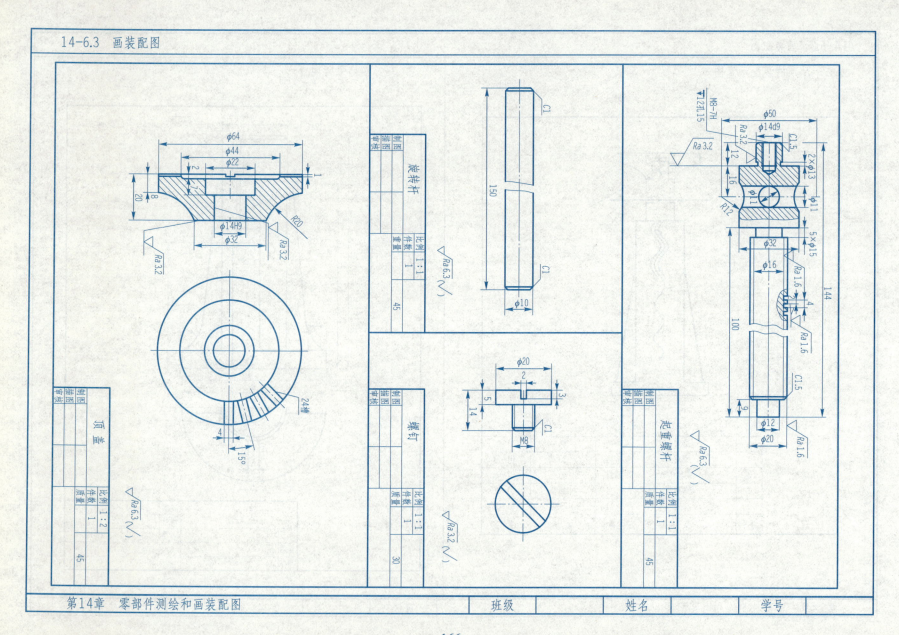

旋转杆

比例 1:1		
件数 1		
重量		
45		

制图
描图
审核

$\sqrt{Ra\,6.3}(\sqrt{})$

顶盖

比例 1:2		
件数 1		
重量		
45		

制图
描图
审核

$\sqrt{Ra\,6.3}(\sqrt{})$

螺钉

比例 1:1		
件数 1		
重量		
30		

制图
描图
审核

$\sqrt{Ra\,3.2}(\sqrt{})$

起重螺杆

比例 1:1		
件数 1		
重量		
45		

制图
描图
审核

$\sqrt{Ra\,6.3}(\sqrt{})$

参 考 文 献

[1] 刘青科，李凤平，苏猛，等. 画法几何及机械制图习题集[M]. 沈阳：东北大学出版社，2011.

[2] 刘青科，齐白岩. 工程图学习题集[M]. 沈阳：东北大学出版社，2008.

[3] 曾红，姚继权. 画法几何及机械制图学习指导[M]. 北京：北京理工大学出版社，2014.

[4] 李凤平，苏猛，屈振生，等. 机械图学习题集[M]. 沈阳：东北大学出版社，2003.

[5] 贾铭钰，孙进平，杨秀芸，等. 计算机辅助设计与AutoCAD 2008应用教程[M]. 北京：清华大学出版社，2010.